Liebet eure Pferde, sorget für sie,
sie verdienen eure Zärtlichkeit,
behandelt sie wie eure Kinder
und ernährt sie wie Freunde der Familie
und kleidet sie mit Sorgfalt.

Sidi-Aomar, der Gefährte des Propheten

Faszination Araber

Fotos
Lída Jahn-Míček

Text
Isabella Neven DuMont

URANIA

Die Deutsche Bibliothek – CIP-Einheitsaufnahme

Faszination Araber / Fotos Lída Jahn-Mīček. Text Isabella Neven DuMont. –
Berlin : Urania, 1999
ISBN 3-332-01004-2

Repro: Artilitho, Trient
Umschlaggestaltung: Behrend & Buchholz, Hamburg
Produktion: VerlagsService Dr. Helmut Neuberger & Karl Schaumann GmbH, Heimstetten
Druck und Bindung: Westermann Druck, Zwickau
Printed in Germany

Gedruckt auf alterungsbeständigem Papier mit chlorfrei gebleichtem Zellstoff

Die Schreibweise entspricht den Regeln der neuen Rechtschreibung.

4 3 2 1 02 01 00 99

ISBN 3-332-01004-2

INHALT

VORWORT

Lauschen Sie einer Geschichte, die in jener Zeit begann, die kein Winter mehr und doch noch kein Frühling ist, in der Zeit des Erwachens und des Anbeginns allerDinge.

Ein Hengst, benommen vor Einsamkeit, spürte endlich unter seinen Hufen die Erde, die langsam weich und warm wurde und er wieherte vor unbezähmbarer Begierde.

Und plötzlich witterte er den Duft von etwas Wunderbarem, von etwas, das im Gleichklang mit seiner Sehnsucht schwang.

Ein Weg führte ihn zum nächsten und am Ende aller Wege fand er die Stute.

Die Stute stand reglos da, aber ihr ganzer Körper bebte wie ein Segel, das auf den Wind wartet.

Und er erhob sich und deckte sie zu wie mit einem Flügel.

Die Stute ging dann lange durch die Welt, sie ging und trug eine Botschaft in sich. Ihr Körper wurde schwer und rund vor geheimer Verheißung.

Endlich kam die Zeit des Gebens wieder, wir kehrten in die Zeit des Erwachens zurück, zum Anbeginn aller Dinge.

Ein Fohlen dringt ins Leben wie ein Schrei, wie ein Zeichen, wie ein Hauch.

In diesem vergänglichen Augenblick verbirgt sich die Ewigkeit.

Und dann ist das Fohlen da – wundervoll, siegreich. Es lebt und bald wird es aufstehen, um in unsere Träume einzutreten. Ich möchte mit ihm tanzen.

Das ist alles.

Michèl Lazès
Lída Jahn-Míček

Für Ulrike, Barbora und Michèl

Lída

Er ist wie antiker Marmor – von klassischer Schönheit und doch im Hier und Jetzt.

Die Stuten »Palmirah«, »Bint Palmirah« und »Bint Jiwan« iranischer Blutführung aus dem Gestüt Schieferegg genießen den Frühling in Andalusien.

»Taysir«, ein ägyptisches Fohlen aus dem Gestüt Schieferegg, durchstreift ein Margeritenfeld.

Der ägyptische Deckhengst »Hashem« des Gestüts Schieferegg hat seine Leistungsfähigkeit bereits bei mehreren Distanzritten erfolgreich bewiesen.

Junghengste iranischer und ägyptischer Linie des Gestüts Schieferegg genießen den frühen Morgen am See.

Ein kurzer Körperbau und Gewandtheit charakterisieren die Araber.
Hier die Stute »Karith« ägyptisch-polnischer Linie aus dem El Kalaam Gestüt.

Schönheit im Detail: Beide Fohlen stammen aus dem Pferdeparadies Beeghum – russische Linie.

Asil-Araberfohlen »Mekdam« aus dem Olms-Araber-Hamasa-Gestüt (oben).

Die unendlichen Weiden des Pferdeparadieses Beeghum laden die Fohlen aus russischen Linien zum Galopp ein (rechts).

Die polnisch gezogene Stute »El Gonda«
aus dem Gestüt Haras de Maury,
Inhaber Sheik Maktown.

Bis zum dritten Lebensjahr genießen die Junghengste ägyptischer und iranischer Linien ihre Freiheit im Gestüt Schieferegg. *Auch Seite 26/27.*

Der ägyptische Hengst »Hashem« im Olivenhain seines Heimatgestüts Schieferegg.

Auf einem Spaziergang durch die vernebelten Weiden des Tubel-Arabians-Gestüts begleitete mich die polnisch-ägyptische Stute »Katifa«.

Stuten aus russisch-polnischen Linien des Gestüts Domaine de la Petit Porcelette.

Die polnisch-ägyptischen Stuten »Itseyis«,
»FRM Drzelenie« und »Kahira«
aus dem Tubel-Arabians-Gestüt.

Die Hengste »unterhalten« sich –
einmal wie Krieger, einmal wie Tänzer.
»Abul Béka« (links) und »Kabul« (rechts),
beide aus dem Gestüt Aubanel.

Die Stutenherde ist in der Nähe. Der Zuchthengst »Kabul« hat sie längst gewittert.

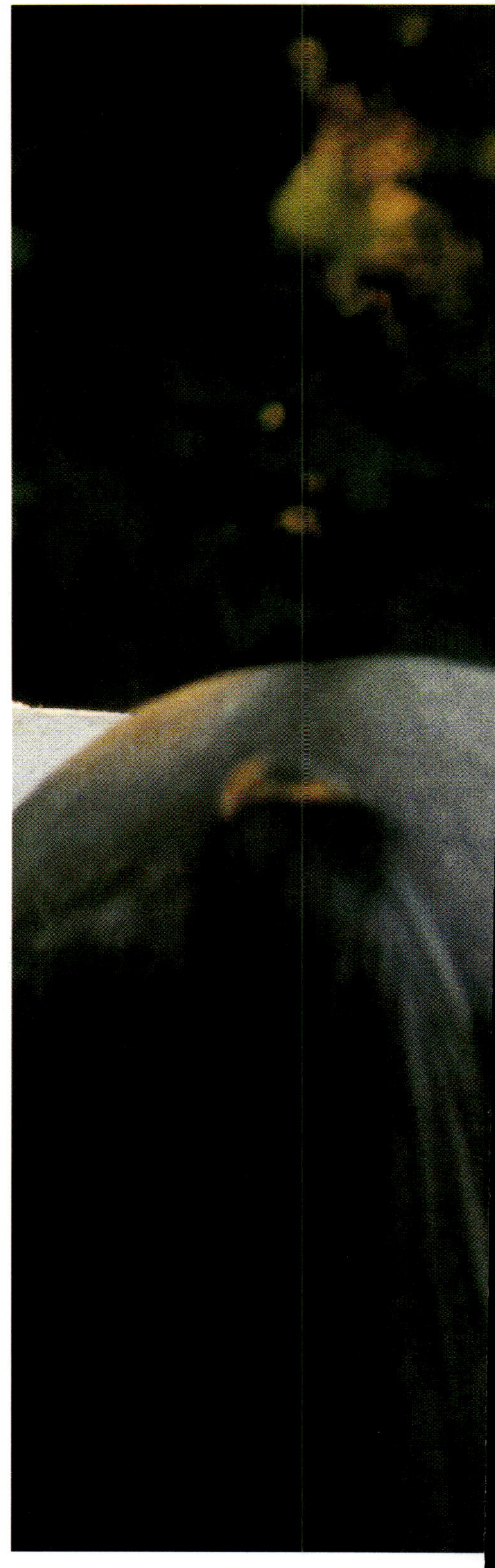

Liebe in der Freiheit. »Ismaël« aus dem Gestüt Aubanel umgarnt die Stute »Mabrouka« aus dem Gestüt El Sham Arabian. Beide sind spanisch gezogen … *Auch Seite 38/39.*

... Zwölf Monate später läuft das Fohlen
in dem Gestüt Aubanel.

Hengst »Al Kadir«, polnisch-ägyptische Linie, aus dem Besitz von Verena Lechner.

Ungarn ist berühmt für seine Shagya-Araberzucht. Hier sind Junghengste aus Répás Puszta zu sehen. *Auch Seite 46/47.*

Junghengste ägyptischer und iranischer Linie
aus dem Gestüt Schieferegg.

»Hamza« aus dem Besitz von Tina Weidner ist Zuchthengst und Allround-Reitpferd zugleich: erfolgreich auf Distanzritten, in der Dressur und beim Springen. Er ist ägyptisch-iranisch auf dem Gestüt Schieferegg gezogen worden.

*Regen ist in Andalusien selten –
aber der Lohn dafür ist groß …
Ein Fohlen ägyptischer Linie (links)
und unten mit der Mutter »Ghazala«,
Gestüt Schieferegg.*

Der spanische Hengst »Abul Béka« im Schatten der Platanenbäume des Gestüts Aubanel.

Der persische Deckhengst »Jallad«, geboren im Staatsgestüt ASK im Iran, ist seit 1980 im Gestüt Schieferegg zu Hause.

Der ägyptische Deckhengst »Hashem«
aus dem Gestüt Schieferegg.

Im Gestüt Aubanel ist die Herde der Stuten spanischer Linien Tag und Nacht auf der Weide.

Der ägyptisch-iranische Hengst »Halef« des Gestüts Schieferegg hat mich oft bei meiner Arbeit begleitet (links).

Die spanische Stute »Laszlo« aus dem Gestüt Aubanel (oben).

In relativer Freiheit können sich die Junghengste ägyptischer und iranischer Linie auf dem Gestüt Schieferegg optimal entwickeln.

Rappen sind bei den Arabern eher selten: Der Ägypter »Magid« im Garten des Gestüts Schieferegg.

Der spanische Hengst »Abul-Béka« im Gestüt Aubanel (oben).

»Iryna« aus ägyptischer Zucht und ihre Freundin »Jama«, die aus iranischen Linien stammt, auf dem Gestüt Schieferegg (rechts).

Nach einer Flucht wieder in der Koppel – die iranische Stute »Hanida« auf dem Wallneder Hof.

Der Russe »Furiant« aus dem Besitz der Familie Offenmüller (links).

»Furiant« und der Shagya-Araberhengst »Paros« aus dem Pferdeparadies Beeghum galoppieren gemeinsam über die Weide (oben).

Eine Aufforderung zum Spiel: die Hengste »Furiant« und »Paros« beim Kräftemessen.

Ein Spiel zwischen erwachsenen Hengsten ist selten: Der dreijährige »Paros« und der fünfjährige »Furiant«.

Stuten spanischer Linie aus dem Gestüt Aubanel auf dem Weg zur Weide.

Zwei »Spanier« auf dem Gestüt Aubanel:
Stute »Azutana« (links)
und der Hengst »Ismaël« (unten).

Wenn die Pferde aus der Koppel fliehen,
wie hier im Gestüt Aubanel,
kann dies für die Besitzer aufregend werden:
Links »Abul Béka«, unten und auf der
Seite 80/81 eine Stutenherde.

Der temperamentvolle Deckhengst »Hamza« von Tina Weidner war 1998 erfolgreich bei andalusischen Trekkingmeisterschaften und hat 1997 bei einem Galopprennen über 2000 Meter den ersten Platz gewonnen.

Der Hengst »Ismaël« des Gestüts Aubanel zeugt von großer Schönheit und Eleganz.

Der ungewöhnlich gefärbte Asil-Araber-hengst »Tufail« (oben) und die asile Stute »Menha« (rechts) mit Fohlen »Mekdam« auf dem Olms-Araber-Hamasa-Gestüt.

Der imponierende Hengst »Hamza« (links).

*»Elwya« und »Il Durra«,
beide polnisch-ägyptisch gezogen, aus dem
Tubel-Arabians-Gestüt (oben).*

Ein Bafran-Araberfohlen aus dem Gestüt Bafran.

Diese Junghengste sind Söhne des spanisch-ägyptischen Hengstes »Ghamal« aus dem Gestüt Orient Arabians.

Wenn der Ruf ertönt, laufen die Stuten des Gestüts Schieferegg nach Hause.

Diese Savannenlandschaft erinnert an die ursprüngliche Heimat der Araber. Oben der Hengst »Durazno«, rechts die Stute »Urzula«, beide aus spanischen Linien im Besitz von Francisco Chavero Caro.

Der Hengst »Halef« aus dem Gestüt Schieferegg ist sowohl im Distanzsport als auch im Rennen erfolgreich, worin er sich in Madrid gut platzierte.

Der Ägypter »Majud« (links) und Junghengste aus dem Gestüt Schieferegg.

Die Stute »Jemla« aus dem Gestüt Schieferegg in den Sanddünen der Atlantikküste.

Zwischen Licht und Schatten.
»Abul Béka«, spanischer Beschäler
des Gestüts Aubanel.

Der iranische Hengst »Jiumma« des Gestüts Wallneder Hof.

»Furor de Nautiac«, ein spanischer Hengst des Gestüts Haras de Nautiac.

Begegnung im Nebel – der Hengst »Boomerang« aus dem Gestüt Aubanel.

Die spanischen Stuten »Bassora«, »Arantxa« und »Cœur Lune« des Gestüts Aubanel.

*Die russischen Stuten »Beeghum« (oben)
und »Antea« (auch Seite 110)
des Pferdeparadieses Beeghum lassen sich
durch den Schnee nicht stören.*

Der iranische Hengst »Jiumma« vom Wallneder Hof spielt mit seinem Sohn »Jatim«.

Die russischen Hengste »Babuschkin« und »Antaris«, dazu der Shagya-Araber »Paros« im Pferdeparadies Beeghum.

Hengst »Palma Real« aus dem Stall Ossuna.

Der ägyptische Beschäler »Hashem« auf der Blumenwiese des Gestüts Schieferegg.

Dieser russisch-polnisch gezogene Jährling des Gestüts Domaine de la Petite Porcelette genießt das Rennen, …

... was beim Spielen mit Gleichaltrigen besonders gut zum Ausdruck kommt.

Hengst »Jiumma«

Die Mama ist immer ein sicherer Zufluchtsort …
Asil-Araberfohlen aus dem Olms-Araber-
Hamasa-Gestüt.

Die polnisch gezogene Stute »Harris« aus dem Farley Hall Stud mit ihrem Fohlen.

Zwischen zwei Elementen: »Jemla«, iranischer Abstammung, aus dem Gestüt Schieferegg.

*Der ägyptisch-iranisch gezogene
Hengst »Halef« aus dem Gestüt Schieferegg.*
Auch Seite 138/139.

Der spanische Hengst »Shalom« aus dem Gestüt Haras de Nautiac vor den Wogen des Atlantik.

Abendstimmung – die Stutenherde des Gestüts Aubanel folgt dem lauten Wiehern ihrer Leitstute.

Weidestimmung am Abend (links).

Die Stute »Cœur Lune« aus dem Gestüt Aubanel (oben).
Auch auf den Seiten 144/145.

»Die vier Winde wehen – mehrere Pferde kommen näher…« (Lied der Teton-Sioux).

»Das reinblütige Araberpferd ist ein Wunder der Schöpfung« (B. Schirg). Die Hengste »Kabul« (oben) und »Ismaël« (rechts) des Gestüts Aubanel.

»Gold schenkt dir die Sonne, mein Pferd« (aus dem Arabischen). Hengst »Ismaël«.

EINFÜHRUNG

»Fliege ohne Flügel, siege ohne Schwert« sprach Allah, als er das Wüstenpferd erschuf. Diese Mission weiß das arabische Pferd bis heute zu erfüllen. Es hat seinen Siegeszug um die ganze Welt angetreten und beglückt die Menschen mit seiner Schönheit, seiner Härte und Ausdauer, aber vor allen Dingen mit seiner sagenumwobenen Sanftmut.

Die Besitzer Arabischer Pferde wissen fast alle zu bestätigen, dass ihr Leben durch das edle Geschöpf an ihrer Seite eine Bereicherung erfahren hat, die mit nichts anderem zu vergleichen ist. Pferde sind wirkliche Partner des Menschen, wenn man ihnen die Möglichkeit zum eigenständigen Mitdenken und Handeln lässt. Araber sind dazu hoch sensibel und mitfühlend. Sie können große Freude bereiten und sanften Trost spenden, wenn der Mensch an ihrer Seite traurig oder krank ist.

Die Araber sind wunderbare Wesen der Schöpfung, ihre Schönheit und ihr Wesen sind zeitlos, von unsinnigen Modeschwankungen einmal abgesehen. Arabisches Blut fließt mittlerweile im Großteil aller Pferderassen. Nur durch den Einsatz von Arabern war die Neuorientierung der gesamten Pferdezucht vom kräftigen, kalibrigen Arbeitspferd zum modernen, eleganten und leichtfüßigen Sport- und Freizeitpferd möglich.

DER URSPRUNG

Der Urvollblüter lebte im zärtlichen Familienverband

Alle Pferderassen gehen auf vier Urpferdetypen der Eiszeit zurück. Die beiden sehr voneinander verschiedenen Typen der Südhalbkugel sind das Ramskopfpferd, der Vorläufer fast aller warmblütiger Rassen, und der Urvollblüter, Vorläufer aller vollblütigen Rassepferde. Verglichen mit den günstigen Exterieureigenschaften des Ramskopfpferdes scheint das kleinere der beiden Urpferde der südlichen Region, der Urvollblüter, beim ersten Hinsehen wenig Eigenschaften aufzuweisen, die nach unseren heutigen Vorstellungen vorteilhaft für ein Reitpferd wären: Hirschhalsig, mit kurzem Rücken, steiler Schulter und wenig Gurtentiefe stellt er sich nach Knochenfunden dar.

Das kleine Pferd, das eine Widerristhöhe um die 1,20 Meter aufwies, war vermutlich schon vor der Eiszeit aus Nordamerika, das als Heimat der frühesten Vorfahren der Pferde gilt, weit in den Süden Europas bis nach Afrika hin vorgedrungen. Während es vor und im Laufe der Eiszeit in diesem Lebensraum fruchtbare Weidegründe mit reichhaltiger Vegetation vorfand, war es gegen Ende der Eiszeit mit einem starken Temperaturanstieg konfrontiert. Die Weiden wichen unfruchtbaren Wüstengebieten mit spärlicher Vegetation, an die der Urvollblüter sich nun gezwungenermaßen anpassen mußte. Überleben konnte nur, wer genügsam war und lange Zeit ohne Trinkwasser auskommen konnte. Vollblutaraber können als eine der unmittelbarsten Nachkommen des Urvollblüters angesehen werden. Bei ihnen ist heute noch zu beobachten, dass sie bis zu einem Drittel weniger Trinkwasser benötigen, als Vertreter von Rassen mit vergleichbarem Körpervolumen.

Auch die hohe Beschleunigungsfähigkeit unserer Rennpferde hat ihre genetische Grundlage im Fluchtverhalten dieses kleinen Urpferdchens, das Feinden in der weitläufigen Wüste und Savanne nur durch blitzartige Flucht entkommen konnte. Da es dabei unter Umständen weite Strecken zurücklegen musste, entwickelte es eine enorme Ausdauer im Galopp, seiner bevorzugten Gangart. Lunge und Atmungsorgane waren besonders leistungsstark, mit den großen, extrem dehnbaren Nüstern konnte es feinste Witterungen aufnehmen. Wasserstellen konnten auf große Entfernungen geortet werden – eine Fähigkeit, die allen Tieren, die dem Wüstenklima angepasst sind, eigen ist.

Der Urvollblüter hatte keine angestammten Weidegründe. Er wanderte jahreszeitlich mit den Regenfällen, die frischen Pflanzenwuchs zur Folge hatten. Er lebte in kleinen Familienverbänden und pflegte intensiven, zärtlichen Kontakt zu seinen Artgenossen. Die Stuten wurden aufgrund der harten Lebensbedingungen meist nur alle zwei Jahre trächtig und säugten ihre Fohlen auch über diesen Zeitraum. Aggressives Verhalten untereinander oder artfremden Tieren gegenüber dürfte kaum vorgekommen sein.

Der Urvollblüter hat sein Erbgut in nahezu allen südasiatischen und afrikanischen Pferderassen hinterlassen. Jedes Pferd, das ein temperamentvolles, heißblütiges Wesen zeigt, trägt die Merkmale des Urpferdes der südlichen Regionen in sich. Allerdings mag es auch schon so manchen Menschen den letzten Nerv gekostet haben, denn auch Schreckhaftigkeit und extreme Wasserscheue waren Verhaltensweisen, die diesem Erbgedächtnis entsprungen sind. Das liebenswerte, anhängliche Wesen des Urvollblüters hat sich besonders beim Vollblutaraber niedergeschlagen und beschert den Menschen, die zum Pferd gefunden haben, seit Jahrhunderten Freude und Dankbarkeit gegenüber diesem wunderbaren Geschöpf.

PAARUNG UND ZUCHT

Stute und Hengst unterscheiden sich deutlich

Der arabische Hengst ist eine stattliche Erscheinung. Er hat einen schön getragenen, nach oben geschwungenen Hals, viel Brust und ein waches Auge. Auch von der Stute werden ein aufmerksames, großes und dunkles Auge, ein schöner, schlanker Hals und eine harmonische Aufmachung gewünscht. Dennoch sollten die Geschlechtsunterschiede auf den ersten Blick klar und deutlich zu erkennen sein. Eine Stute gibt sich direkt durch ihren sanften, mütterlichen Blick zu erkennen, der Hengst durch stolze Aufrichtung und ein überlegenes, das Geschehen im Stall ständig mitverfolgendes Auge.

Wenn man durch eine Boxengasse geht und sich alle Pferde in Ruhe befinden, sollte der Hengst von der Stute nur aufgrund des unterschiedlichen Ausdrucks und Gebärdens unterschieden werden können. Natürlich gehört hierzu ein durch Erfahrung gewonnener sicherer Blick für arabische Pferde, aber es gibt durchaus einige Tiere, die eben nicht über genügend Geschlechtsausdruck verfügen – wobei schlechtes Benehmen nicht darauf hindeutet, dass es sich hier um einen Hengst handelt; denn Araber zeichnen sich durch ihre große Sanftmut aus. Hengste sollen trotz allen Gehabes immer leicht an der Hand gehen. Sie dürfen nicht rüpelhaft oder aggressiv sein, sondern es muss möglich sein, sie durch eine Galerie von zerbrechlichen Dingen zu führen, ohne dass sie etwas kaputt machen.

Araberstuten sind für ihre Sanftmut, gepaart mit großer Eleganz, bekannt. Sie können aber zu kampflustigen Löwinnen werden, wenn es darum geht, ihre Fohlen und Freundinnen in Gefahr zu beschützen. Auf der anderen Seite sind sie mit Menschenkindern und mit anderen hilfsbedürftigen Lebewesen so sanft wie kaum eine andere Pferderasse.

Auffällig ist, dass auch viele arabische Hengste bei entsprechender Haltung und Erziehung sehr rücksichtsvoll und vorsichtig mit Fohlen und Kindern umzugehen wissen. Trotzdem sind Stuten und Hengste als verschiedene Wesen zu betrachten, was bei der Haltung stark berücksichtigt werden muss. Stuten sind ihrer Art entsprechend problemlos in einer Gruppe oder Herde mit anderen Stuten zu halten, da ihre Vorfahren schon als Wildpferde in Herden gelebt haben.

Die Möglichkeit, dass ein Hengst als »Leithengst« in der Stutenherde gehalten wird, ergibt sich in unserer Zeit leider nur in seltenen Fällen. Das ist natürlich der Optimalzustand, der völlig artgerecht dem Leben in der Herde in freier Wildbahn entspricht. Diese wunderbare Möglichkeit der Haltung besteht, zieht aber nach sich, dass die Stuten dann jedes Jahr ein Fohlen bringen. Befinden sich keine Stuten in unmittelbarer Umgebung, können auch Hengste gut zusammen gehalten werden. Sie vertragen sich meist problemlos und sind oft gute Freunde, solange sie nicht decken und keine Stute für Rivalitäten sorgt.

Eine Chance für die Liebe

Ein Arbeitstag in einem großen Vollblutgestüt zwischen Februar und Juni … In dieser Zeit dreht sich das Geschehen hauptsächlich um eine Sache: das Deckgeschäft. Heute steht die künstliche Besamung einer Maidenstute auf dem Programm. Der Samen stammt von einem Hengst, der 800 Kilometer weit entfernt aufgestellt ist. Die Vorteile dieses Verfahrens liegen auf der Hand: kein Transport der wertvollen Zuchtstute, keine Verletzung der jungen Stute, die sich bei der ersten Bedeckung oft sehr ungebärdig benimmt.

Im nächsten Jahr kann das schon ganz anders aussehen: Die Geburtswege sind erweitert, die Situation ist der Stute nun bekannt; eine gefahrlosere Bedeckung kann gewährleistet werden. Ein Vorteil der künstlichen Besamung ist sicherlich auch die Möglichkeit, eine Stute vom »Traumhengst« zu schwängern, auch wenn dieser in einem Gebiet aufgestellt ist, in dem gerade eine ansteckende Krankheit oder gar eine Seuche grassiert. Die Stutenbesitzer sind bei der Wahl eines Hengstes nun nicht mehr auf die nähere Umgebung beschränkt, sondern können ein Vatertier aussuchen, das aus einer ganz anderen Region stammt. Diese Anpaarung von Stuten mit Hengsten aus anderen Zuchtgebieten bewirkt eine Erweiterung des Genpools in den einzelnen Rassen und bringt somit neues Blut in die Zuchtstätten.

Das scheint sich alles doch sehr vorteilhaft und fortschrittlich anzuhören. Die Beurteilung aus dem Blickwinkel der betroffenen Pferde fiele aber mit Bestimmtheit nicht annähernd so positiv aus. Der als »Samenspender« dienende Hengst wird jeder Möglichkeit beraubt, ein auch nur annähernd natürliches Sozialverhalten auszuleben, da er ja in der Regel gar nicht mehr in Kontakt zu Artgenossen tritt. Die »Samenempfängerin« Stute, die in der Rosse besonders nach »Tuchfühlung«, sprich Körperkontakt, verlangt, weiß gar nicht, wie ihr geschieht, wenn sie durch Einführung einer Pipette »gedeckt« wird, ohne einem Hengst zugeführt zu werden.

Zurück zum Geschehen auf dem angesprochenen Gestüt: Am gleichen Tag wird eine andere Stute im Probierstand abprobiert. Wenn sie die Nähe des Hengstes sucht, auf seine Umwerbung mit aufgeregtem Wiehern reagiert und ihre Bereitwilligkeit durch Anheben des Schweifes signalisiert, kann diese Stute gedeckt werden. Beim Deckakt an der Hand wird das Liebesspiel der beiden durch den Hengstführer kontrolliert. Oft werden die Hinterbeine der Stute mit Seilen fixiert, um eventuelles Ausschlagen zu verhindern.

Wirtschaftlich und praktisch – aber wenig »hengstgerecht«

Diese Entwicklungen entsprechen bestimmt dem Geist unseres heutigen Zeitalters. Schnell, effektiv und möglichst komplikationslos wurden die Methoden auch bei der Zeugung des Nachwuchses auf den modernen Zuchtbetrieb abgestimmt. Der Nachteil hierbei ist, dass die Zuchthengste in der Mehrzahl nur noch wenig artgerecht gehalten werden können. Sie werden in Einzelboxen gestellt, meist ohne Kontaktmöglichkeit zu anderen Pferden, da die Gefahr besteht, dass sie sich untereinander Bissverletzungen zufügen könnten. Gut haben es noch diejenigen Hengste, die täglich unter dem Sattel oder im Geschirr gearbeitet werden, wie es in den Staatsgestüten der Fall ist. In privaten Zuchtstätten dagegen ist es oft mangels Personal nicht möglich, die Hengste genügend zu fordern und so vom Deckgeschehen abzulenken.

Es gibt aber glücklicherweise noch einige kleinere Betriebe, die es anders machen. Sie versuchen, die reine Boxenhaltung auf ein Mindestmaß zu reduzieren und den Hengsten die Auseinandersetzung mit anderen Pferden zu ermöglichen. Ist ein Hengst seit dem Absetzalter in einer Hengstherde groß geworden oder mit einem gleichaltrigen Gefährten aufgewachsen, weiß er auch, wie man sich nach »Pferdesitte« Artgenossen gegenüber korrekt verhält. Viele Hengste zeigen indessen so gut wie gar keine Hengstmanieren, solange sie noch nicht gedeckt haben. Diejenigen, die zu ihrer ersten Decksaison allein aufgestallt werden, kann man anschließend nicht mehr mit anderen Hengsten auf die Weide lassen, da sie diese dann nur noch als Konkurrenten betrachten und angreifen würden.

Anders sieht es aus, wenn der Herdenverband bestehen bleibt, der Hengst zum Decken von der Weide geholt wird und danach wieder zu seinen Gefährten zurückkehren darf. Natürlich funktioniert diese Art der Hengsthaltung nicht bei allen Tieren, denn der individuelle Charakter spielt hierbei auch eine große Rolle.

Der freie Sprung ermöglicht natürliches Verhalten

Glücklicherweise wird der gemeinsame Weidegang mit einer oder mehreren Stuten von einigen Züchtern praktiziert, denen die artgerechte Haltung der Hengste am Herzen liegt. Die Stuten werden im Frühjahr rossig, der Hengst erkennt instinktiv den Tag der höchsten Aufnahmebereitschaft und deckt die Stute im freien Liebesspiel. Doch nicht nur die Möglichkeit der freien Bedeckung spricht für diese Haltungsform, sondern auch der ausgiebige Körperkontakt ist für den Hengst wichtig. Er kann mit seinen Gespielinnen Fellkraulen, die lästigen Insekten in Kopf-an-Schweif-Haltung vertreiben und seine Beschützerfunktion ausüben.

Dieses Beispiel sollte nun nicht zum wilden Nachahmen auffordern, da es einer langen Vorbereitung bedarf: Zum einen muss man die Stuten und ganz besonders den Hengst sehr gut kennen und einschätzen können. Zum anderen spielt die Erziehung des Hengstes eine sehr große Rolle. Von einem Hengst, der seit dem Absetzen allein gehalten wurde, kann man nicht erwarten, dass er mit anderen Pferden umzugehen weiß. Die Hengsthaltung in der Herde erfordert viel Erfahrung des Hengstbesitzers und große Sachkenntnis im Umgang mit Pferden.

In einem kleinen Gestüt lässt man dem Hengst die Möglichkeit, seinen natürlichen Bedürfnissen gerecht zu werden und sich mit Artgenossen auszutauschen. Seit Beginn seiner Geschlechtsreife hat er frei Stuten gedeckt. Zuerst wurde er mit einer älteren, im Umgang mit Hengsten erfahrenen Stute zusammengebracht, die dem damaligen Wildfang sehr schnell beibrachte, wie er sich einer Stute zu nähern hat. Sie standen einen Sommer lang zusammen auf der Weide, und sie gab ihm deutlich zu verstehen, dass sie in Ruhe gelassen werden wollte, nachdem ihre Rosse vorbei war. So lernte der Hengst, sich einer Stute zu nähern, wie es sich gehört: mit stolz geschwellter Brust, einem gebogenen Hals und wild bebenden Nüstern – aber abwartend! Erst wenn die Stute ihm zu verstehen gibt, dass sie will, geht er »zur Sache«.

Es bietet jedes Mal wieder einen wunderschönen Anblick, wenn er mit seiner jeweiligen Gefährtin mit leichtfüßiger Anmut über die Weide galoppiert. Das Decken ist nur ein kleiner, ja beinahe unwesentlicher Teil einer großen Romanze. Voller Lebensfreude und Verliebtheit traben sie im Kreise umeinander herum, reiben die feinen Nüstern aneinander und beknabbern sich zärtlich. Die Stute gibt dem mächtigen Schimmelhengst zu verstehen, wann die Zeit zum Sprung gekommen ist. Das gesamte Geschehen verläuft ruhig und voller Harmonie. Nach dem Deckakt schmusen die beiden noch miteinander und grasen dann Kopf an Kopf. Die Rosse der Stuten halten bei der Freibedeckung manchmal überdurchschnittlich lange an, doch der Hengst merkt meist instinktiv, wann die Stute aufgenommen hat und weitere Bedeckungen zwecklos sind.

Zusammenleben in der Stutenherde

Manchen Frauen sagt man nach, sie wären rechthaberisch, eifersüchtig und intrigant, sie würden nach vorn lächeln und nach hinten die Zunge herausstrecken, nur um vielen (oder einem) zu gefallen. Tatsächlich ist ein ähnliches Verhalten in übertragenen Variationen auch bei unseren vierbeinigen arabischen Lieblingen zu beobachten, wenn man einmal genau hinschaut. Im Normalfall halten Züchter die Hengste in Einzelboxen mit separatem Auslauf. Sie haben die Stuten manchmal in Sichtweite, stehen aber getrennt von ihnen. Die Stuten werden meist auch in Einzelboxen gehalten, gehen aber zusammen in den Auslauf oder auf die Weide. Wenn sie abfohlen, werden sie kürzer oder länger (von Fall zu Fall verschieden) vom Rest getrennt und sind mit dem Fohlen allein – zumindest so lange, bis bei diesem die Prägephase abgeschlossen ist.

In den Stutengemeinschaften gibt es ein sehr weit verzweigtes Netz von innigen Freundschaften und bitteren Feindschaften, das auf den ersten Blick durch die Rangordnung festgelegt ist. Die Rangordnung ist auch sicherlich die Basis für viele Verhaltensvorgänge: Sie schreibt vor, wer in der Herde zuerst zum Zug kommt, wenn Futter angeboten wird, wer zuerst trinken darf, wenn alle durstig sind, und wer zuerst Streicheleinheiten empfangen darf, wenn eine Bezugsperson welche austeilt. Die Ranghöchste soll die anderen aber auch verteidigen, wenn Gefahr von außen droht, z. B. ein kläffender Hund, ein fremder Mensch, ein ungestümer Hengst oder ein fremdes Pferd. Sie ist auch die erste, die das Signal zur Flucht gibt, wenn es angebracht scheint, und die dabei gegebenenfalls die Jungpferde im Auge behält, ob sie auch mitkommen und bei der Herde bleiben. Sie beendet den Fluchtgalopp, indem sie stehenbleibt und sich mit gespitzten Ohren, großen Augen und geblähten Nüstern in die Richtung umdreht, aus der die Gefahr kommt.

Die Ranghöchste ist auch meist die erste, die auf die Bezugsperson zukommt oder die sie (genau wie der Hengst) durch ein vertrautes, leises Wiehern begrüßt, weil sie den anderen so mitteilen will: »Seht her, der/die ist gekommen, um sich mit uns zu beschäftigen!« (fast immer, wenn die Zeit zum Füttern ist...). Sie ist in Hab-Acht-Stellung und passt genau auf, sobald irgend etwas geschieht, das die momentane Situation verändert. Sie weiß, dass die anderen sich dabei auf sie verlassen und deshalb meistens erst einen Moment später oder manchmal gar nicht reagieren. Sie achtet auch auf die Fohlen anderer Stuten, besonders wenn sie kein eigenes hat, weil sie die schwächsten Mitglieder »ihrer« Herde kennt und auf diese besonders aufpasst.

Die Ranghöchste der Stutenherde weist diejenigen zurecht, die den Frieden gefährden oder aus der Reihe tanzen. Für die Jungpferde gelten dabei andere Regeln als für die erwachsenen Stuten. Die Fohlen müssen die Regeln in der Pferdegesellschaft erst einmal kennenlernen, und auch die Ein- und Zweijährigen werden noch mit Nachsicht behandelt.

Die Welt der Erwachsenen betritt eine Stute meist, wenn sie ihr erstes Fohlen führt und somit auf mehr oder weniger deutliche Hinweise von der Ranghöchsten angewiesen ist. Dieser steht häufig eine innige Freundin zur Seite, die sie unterstützt und einige Aufgaben übernimmt. Sie hat nicht unbedingt die Ambition, der Aufpasserin ihre Stellung streitig zu machen, oft ist sie auch gar nicht der Typ zur Leitstute. Ihr genügt die besondere Aufmerksamkeit der »Chefin«, ihre tröstenden und anerkennenden Gebärden (Anstupsen, Schmusen, Kopf-an-Schweif-Stellung, häufiger Nasenkontakt) und die Gewissheit, von ihr beschützt und geliebt zu werden.

Kommt der Hengst ins Spiel, können allerdings gerade diese »besten Freundinnen« sehr eifersüchtig darauf achten, dass die andere möglichst nicht zum Zuge kommt. Hat die andere ein Fohlen bei Fuß, sind sie hingegen mit größter Fürsorge »Zweitmutter« und nehmen der Freundin viele Aufpasserfunktionen ab, um sie zu entlasten.

Sind in einer Stutengemeinschaft mehrere ältere Stuten, die sich fast jeden Tag im Auslauf oder auf der Weide begegnen, ist immer wieder zu beobachten, dass die Rangordnung angefochten wird. Besonders die »beste Freundin« der Ranghöchsten, die sich ja auch auf einen besonderen Status berufen kann, sieht sich oft mit Anfeindungen von älteren, deren Meinung nach gleichberechtigten Stuten konfrontiert. Das kann dazu führen, dass die Leitstute ihre Freundin völlig abschirmt und außer den Jungpferden kein anderes Tier an sie heranlässt. Dieses Verhalten kommt oft vor, wenn die Freundin schon relativ alt oder krank und daher nicht mehr besonders wehrhaft ist. Oft zeigt die Leitstute dann eine rührende Hingabe und wendet den wachsamen Blick nicht mehr von der Freundin, um sie so vor jeglichen Angriffen zu beschützen.

Schwierig ist es, wenn eine Stute in einen festgefügten Herdenverband, der schon seit längerer Zeit besteht, einbricht und zwangsläufig ihren Rang in der Hierarchie finden muß. Wird dadurch die bisherige Ordnung grundlegend durcheinandergeworfen, kann das zu beträchtlichen Verhaltensproblemen bei derjenigen Stute führen, die »leer ausgeht«, das heißt nicht die gewünschte Stellung beibehält oder neu gewinnt.

Halter von arabischen Pferden gewinnen höchst interessante Erfahrungen hinzu, wenn sie sich einmal die Zeit nehmen, eine Weile ihre Stutenherde zu beobachten, wobei sie sich möglichst unauffällig verhalten sollten. Es erscheint auch sinnvoll, die Beobachtungen über eine Weile regelmäßig in der Absicht durchzuführen, die Struktur der Stutenherde mit ihren verschiedenen Charakteren genauer kennenzulernen.

Dergleichen mag manchem als amüsanter, aber an sich sinnloser Zeitvertreib erscheinen. Das ist es aber keinesfalls, denn jeder Züchter wird bestätigen, dass die Befruchtungsquote um so höher liegt, je besser man den Hengst und besonders die Stute mit ihren individuellen Verhaltensweisen kennt. Wenn die Stute sich z. B. trotz starker Rosseerscheinungen nicht decken lässt, sondern immer nur nach dem für sie fremden Hengst schlägt, sollte der Hengstbesitzer fragen, wie die Stute gehalten wird und welchen Rang sie im Gefüge der heimatlichen Herde innehat. Er kann dann mit dem Stutenbesitzer genauer analysieren, welches Problem wirklich hinter der Unlust steckt und wie man Abhilfe schaffen könnte.

Manche Stuten zeigen fast menschliche Verhaltensweisen, weswegen sie von vielen Reitern oft als »zickig und daher nur bedingt einsatzfähig« abgetan werden. Es ist bekannt, daß Frauen in der Regel sensibler sind und besser Gefühle zeigen können als der Großteil der Männer. Stuten sind da gar nicht viel anders. Die Ursache für manche Verhaltensweisen, die man auf den ersten Blick nicht verstehen kann, wird man bei regelmäßiger Beobachtung der Sozialstruktur der Stutenherde erkennen.

Die Wüstenheimat trägt der Araber immer in sich

Der Araber ist seit Jahrhunderten ein Steppenpferd. Er lebte in einer Weite, die uns in unserer zivilisierten Welt fremd vorkäme, uns vielleicht Angst machen würde, da der Horizont in so unendlich weiter Ferne liegt. Der ursprüngliche Lebensraum des Arabers ist die Wüsten- und Steppenlandschaft des Orients. In diesem Lebensraum entwickelte er sich, auf diesen weiten Flächen lernte er laufen, fressen, mit seinen Artgenossen zu leben und zu flüchten.

Sein ganzes Wesen wurde durch diesen Lebensraum geprägt, in dem es keine Enge gab. Als die Beduinenstämme den hohen Wert des arabischen Pferdes als Reit-, Transport- und Kriegspferd erkannten, musste das Wüstenpferd in diesem Land nicht viel von seinen Gewohnheiten aufgeben; denn diese Stämme zogen genauso umher, wie es die Pferdeherden zuvor ohne den Menschen getan hatten. Sie lebten weiter in der Herde unter freiem Wüstenhimmel, nur jetzt in der Nähe des Menschen.

Die Beduinen teilten ihren Lebensraum mit den Pferden. Sie lebten fast ständig mit ihnen zusammen, woraus ein extrem enger Kontakt zwischen Pferd und Mensch resultierte. Alte Stiche zeigen, dass die trächtigen Stuten sogar zum Abfohlen in die Zelte der Menschen geholt wurden. Kaum eine andere Pferderasse lebte über viele Jahrhunderte in derart enger Beziehung mit dem Menschen, und daraus resultiert auch die bekannte enge Menschenbezogenheit des arabischen Pferdes.

Im Orient waren die Araber einer harten Auslese ausgesetzt. Wenn eine Stute gefohlt hatte – meist war sie bis zur Stunde der Niederkunft noch im Kriegseinsatz – konnte darauf keine Rücksicht genommen werden. So überlebten nur die härtesten Stuten und Fohlen. Nicht umsonst wurde man in Europa auf diese harten, leistungsfähigen Pferde aufmerksam und nutzte sie zur Veredlung der landestypischen Pferderassen. Auch die Urväter des Englischen Vollbluts waren unter anderen arabische Wüstenpferde. Beinahe in jeder Pferderasse ist heute das Blut der arabischen Vollblüter zu finden.

Der Araber ist aber nicht nur hart, auch sein Wesen fällt demjenigen auf, der in Kontakt mit der Rasse kommt. Denn der Araber ist wegen seiner aufmerksamen Art, alles um sich herum auf- und wahrzunehmen, wegen seiner Schnelligkeit und Ausdauer sowie wegen seiner hohen Intelligenz ein ganz besonderes unter den Pferden. Sein Verhalten unterscheidet sich deutlich von dem anderer Rassen. So sucht er z. B. selten so große Nähe zu den Artgenossen wie Pferde der

Robustrassen, bei denen es fast keine Individualdistanz gibt. Beobachtet man diese Pferde, wird man sie oft gedrängt auf einem Platz stehen sehen, egal ob bei der täglichen Mittagsruhe oder bei starkem Regen. Robustpferde stehen oft so dicht beieinander, daß man kaum den einen Pferdekörper vom anderen unterscheiden kann.

Der Araber ist in seinem Verhalten in der Herde völlig anders. Er ist natürlich, wie alle anderen Pferde auch, ein Herdentier und kann niemals allein gehalten werden. Er liebt die Geselligkeit sehr und ist sanft im Umgang mit seinen Genossen, aber dennoch braucht er mehr Abstand zu diesen als die Robustpferde, deren Verhalten durch kalte Regionen und völlig andere Umwelteinflüsse geprägt wurde. Das Wesen und der Charakter der Vollblüter aus dem Orient verlangen ein gewisses Distanzverhalten, wie man es bei Arabern, die auf der Weide stehen, gut beobachten kann. Der Abstand zwischen ihnen ist relativ groß, und sie suchen nicht derart die Nähe des anderen wie die Robustpferde. Die Ursache für dieses Verhalten liegt in ihrem früheren Lebensraum mit seiner großen Weite. In ihrer Wüstenheimat waren die Araber für Feinde leicht auszumachen, und es war lebensnotwendig, die Umgebung stets nach möglichen Feinden abzusuchen und die anderen schnellstmöglich zu warnen, wenn Gefahr drohte.

Sicher kann man auch bei arabischen Pferden beobachten, daß sich die »Freundin« in unmittelbarer Nähe zur Herdenführerin hinlegt, dennoch brauchen die Araber eine viel größere Individualdistanz. Die gleichen zwei Freundinnen werden sich, wie man es beinah genauso häufig beobachten kann, auch streiten: Sie stecken die Köpfe zusammen, um im gleichen Moment scheinbar giftig die Ohren anzulegen und sich dann beißend voneinander abzuwenden. Diese Drohgebärden sind nicht wirklich böse gemeint, aber sie geben dem anderen Pferd zu verstehen, dass es der Gefährtin mehr Raum lassen soll.

Dies sollte der Araberbesitzer, will er Freude an einem glücklichen Pferd haben und es zum Freund gewinnen, bei der Haltung seines Tieres unbedingt berücksichtigen. Platzmangel und unverträgliche Boxennachbarn führen beim arabischen Pferd schnell zu Untugenden, durch die es sein Unglück zum Ausdruck bringt. Das über Jahrhunderte geprägte Verhalten muss berücksichtigt werden, wenn ein Mensch ein arabisches Pferd zum Freund gewinnen möchte.

Ein Fohlen kommt zur Welt

Der Züchter wird unruhig, denn der errechnete Zeitpunkt der Geburt rückt näher und näher. Das Muttertier hat allerdings seinen ganz eigenen Kalender, der entsprechend dem Zustand von Mutter und Kind, den Umweltfaktoren und äußeren Reizen den Geburtstermin ohne Rücksicht auf unsere Berechnungen bestimmt.

Die Stute hat den erwarteten Geburtszeitraum bereits überschritten und wird vom Besitzer mittlerweile tagsüber einige Male auf der Weide besucht und beobachtet. Sie trägt zum ersten Mal ein Fohlen aus. Deutliche Anzeichen scheinen auf eine kurz bevorstehende Geburt hinzuweisen: Klebrige, bernsteinfarbene Harztropfen an den beiden Zitzen sind schon vor acht Tagen aufgetreten. Mittlerweile hängen Milchtröpfchen daran, und bei leichtem Druck fließt die Milch in Strömen. Die Beckenbänder sind weich geworden, die festen, muskulösen Partien des Hinterteils scheinen sich in weiche Knetmasse gewandelt zu haben, und die Stute macht einen in sich gekehrten Eindruck, als würde sie nur noch mit dem Leben in ihrem prallen Bauch wirklichen Kontakt aufnehmen. Von den Artgenossen hat sie sich bereits seit zwei Wochen abgewandt, braucht aber dennoch deren beruhigende Gesellschaft.

Der Besitzer hatte sich viele Gedanken darüber gemacht, wie er seine tragenden Stuten am besten halten kann. Es besteht immer ein kleiner Widerspruch zwischen einer möglichst naturgemäßen, artgerechten Haltung und der Forderung nach möglichst hoher Sicherheit für Mutterstute und Fohlen bei der Geburt. Züchter von widerstandsfähigen Rassen lassen die Stuten selbst zum Abfohlen auf der Weide.

Hierbei ist auffallend, dass viele Geburten mitten am Tag stattfinden und es die Gebärende nicht stört, wenn sogar mehrere Zuschauer anwesend sind. Bei manchen Stuten kommt es vor, dass sie auf ihren »Herrn« warten, weil sie sich von ihm Hilfe erhoffen. Das Verhalten von Stuten ist sehr unterschiedlich. So hat man auch schon beobachtet, dass Stuten, die den Platz selbst bestimmen konnten, sich eine sumpfige oder feuchte Stelle aussuchten, obwohl es einen schützenden trockenen Platz in der Nähe gab. In der Wildnis hatte das wohl auch seinen Sinn: Das Wasser bot in geringem Maße Tarnung und Schutz, außerdem war ein leichter Zugang zum Trinkwasser gesichert.

Beim Abfohlen in der Herde gibt es zwei Verhaltensformen: einmal die Stuten, die sich von der Herde entfernen, um an einem einsamen, geschützten Platz das Fohlen zur Welt zu bringen und nach zwei Tagen zur Herde zurückkehren. Andererseits gibt es Stuten, die inmitten der Herde fohlen. Hierbei stellen sich häufig tragende Stuten oder Stuten mit Fohlen bei Fuß in einem Ring um die Gebärende, um sie so vor Störungen zu schützen. Nichttragende Stuten ohne Fohlen bei Fuß dürfen meist nicht dabeistehen. Sie werden von den anderen Stuten nicht so gerne in der Nähe geduldet, da die Gefahr groß ist, dass sie ihnen das Fohlen wegnehmen wollen. Denn während die Stute bereits mit Austreten des Fruchtwassers den Geruch des Fohlens aufnimmt, findet die Prägung des Fohlens auf die Mutter erst durch gegenseitiges leises Wiehern statt. Passt eine eifersüchtige Rivalin dann gerade eine kurze Ruhepause der erschöpften Mutter ab, kann sie das Kleine entführen. Dieses nimmt fortan die Fremde als Mutter an. Bei mancher Stute stellt sich nach geglückter Entführung sogar auch der Milchfluss ein.

Der Besitzer der hochtragenden Stute hat einen Kompromiss zwischen völliger Freiland- und ganztägiger Stallhaltung gefunden und lässt seine Stuten morgens bis abends auf die Weide. In der Nacht werden sie aufgestallt. Vor zwei Tagen wühlte eine plötzliche Unruhe mit Schweifschlagen und leichtem Schwitzen die Erstgebärende auf – sie schien auf der Weide einen Platz zu suchen, an dem sie möglichst ungestört sein wollte.

Die Halter überlegten schon aufgeregt, wie bei einer Geburt auf der Koppel vorzugehen sei, aber nach zwanzig Minuten war die Unruhe, scheinbar Vorwehen, vorüber, und seelenruhiges Grasen beendete die Aufregung. Die andere Stute, bei der der Abfohltermin ebenfalls für Anfang Mai des Jahres erwartet worden war, hatte vor drei Wochen – zwei Wochen zu früh – ein gesundes, kräftiges Hengstfohlen problemlos zur Welt gebracht. Von ihr ist allerdings bekannt, dass sie immer mindestens eine, in einem Falle sogar drei Wochen zu früh fohlt.

Das Fohlen kommt

Drei Wochen zu spät, nach knapp zwölfmonatiger Tragzeit, ist es eines Abends endlich soweit. Die »Geburtshelfer« gucken abends und die Nacht hindurch alle zwei Stunden nach der Niederkommenden. Um 20 Uhr scheint alles noch unverändert: Die Stute frisst in aller Seelenruhe ihr Heu, und als die ihr als »Futterspender« bekannten Personen vor ihrer Box stehen, steckt sie, wie es so ihre Art ist, ihre Schnauze in die Futterkrippe, um vielleicht noch eine Scheppe Hafer zu erhalten, wendet sich dann aber desinteressiert wieder ab.

Um 22 Uhr bietet sich ein völlig verändertes Bild: Der Pferdehalter ist allein und bemerkt schon beim Eintreten in den Stall, dass die Aufmerksamkeit der fünf Boxennachbarn ausnahmslos auf die Stute gerichtet ist. Diese kreist unruhig in ihrer Box, fährt mit der Nase durch die Stroheinstreu, der Schweif ist angehoben, und Fruchtwasser rinnt in dünnem Strahl zu Boden. Endlich legt sie sich nieder, steht aber mit lautem Ächzen und Stöhnen sogleich wieder auf. Nun ist zu beobachten, dass die Vorderhufe umhüllt von weißer Eihaut aus der Scheidenöffnung austreten. Die Stute legt sich wieder zu Boden, und diesmal bleibt sie liegen. Auf die Vorderläufe gebettet folgt jetzt das Fohlenköpfchen. Kurz darauf liegt ein nasses Fellbündel im blutigen Stroh hinter der Mutterstute. Die

Eihaut ist von selbst eingerissen und gibt den Kopf frei, den das Fohlen nun anhebt.

Die Stute ruht einen Moment, die Geburt hat sie sehr angestrengt. Mutter und Kind verbindet noch die Nabelschnur, als sie schließlich aufsteht und das Neugeborene von der restlichen Eihaut befreit, wobei die Nabelschnur nun am Bauch des Fohlens abreißt. Das Kleine wird sorgfältig trocken geleckt, was den Kreislauf und die Verdauung anregt.

Aufstehen und Trinken

Erst jetzt tritt der Pferdehalter an die Box, der die Geburt nur aus der Stallecke beobachtet hat, um nicht störend auf die Mutterstute zu wirken. Bei einem Problem wäre er sofort zur Stelle gewesen, aber bei dem zu beobachtenden Ablauf war seine Hilfe nicht notwendig. Gerade geht die Nachgeburt bei der Stute ab, wobei noch ein Rest von Fruchtwasser austritt. Der Pferdehalter bleibt vor der Box stehen, bis die Bemühungen des Fohlens, auf die langen Stelzbeine zu kommen, von Erfolg gekrönt werden. Die Stute leistet mütterliche Hilfestellung, indem sie sich bemüht, ihrem Kleinen durch sanften Druck mit der Nase in die richtige Stellung zu helfen. Doch erst nach sechs Versuchen, bei denen es noch nicht den richtigen Halt findet und wieder zu Boden geht, kann es sich auf den Beinen halten. Der erste Erfolgsmoment im kleinen Leben! Doch nun folgt direkt der nächste, in diesem Moment alles bedeutende Schritt: an die mütterliche Quelle des Lebenselixiers zu gelangen – ein äußerst schwieriges Unterfangen...

Die erste Milch, Kolostralmilch genannt, ist von lebenswichtiger Bedeutung für das Fohlen. Sie hat medizinische Bedeutung, da sie die Abwehrkräfte des Fohlens aufbaut, vor Viren und Bakterien schützt sowie Magen und Darm auf die zukünftige Tätigkeit vorbereitet. Zudem unterstützt sie den Abgang des sogenannten Darmpechs, der Kotansammlung des ungeborenen Fohlens.

Der Pferdehalter hat inzwischen feststellen können, dass es sich bei seinem neuen Zögling um ein männliches Tier handelt. Die Züchtererfahrung spricht von vielen Fällen, in denen Hengstfohlen größere Probleme hatten, die richtige Trinkposition zu finden, als Stutfohlen. Hinzu kommt mitunter noch erschwerend, dass manche Stuten, besonders erste Mütter, sehr empfindlich mit ihrem Euter sind. Kurz nach der Geburt ist das Euter im Normalfall prall gefüllt und daher hochempfindlich. Scheitern alle Versuche des Fohlens, zur Milchquelle zu gelangen, erscheint es vielleicht sogar schon etwas geschwächt, ist es an der Zeit, dass der Mensch eingreift. Steht die Stute still und versucht sie, das Kleine ans Euter zu bringen, reicht es, wenn eine Person Hilfestellung leistet. In diesem Fall greift eine Hand das Fohlen ums Hinterteil oder, wenn es sehr wackelig steht, direkt hinter den Vorderbeinen, um ihm Halt zu geben. Die andere Hand umschließt den Unterkiefer und führt den Fohlenkopf in leichter Drehung ans Euter heran. Wenn das Fohlen die Zitze findet und schmatzt, lässt man es eine Weile trinken und hält es noch einen Moment, bevor man die Hilfsgriffe lockert. In der Regel trinkt das Fohlen jetzt allein weiter und findet auch das Euter ohne Hilfe. Ist es allerdings schon so geschwächt, dass es die Zitze nicht halten kann, sollte man es so lange wie möglich dranhalten und dabei einmal die Zitzen wechseln, damit beide angesaugt werden und der Druck auf das Euter nachlässt. In diesem Fall muss man das Fohlen beobachten, um sicherzugehen, dass es allein trinkt. Wenn nicht, sollte es wieder ans Euter gehalten werden.

Es ist aber eine seltene Ausnahme, dass gesunde, normale Fohlen nicht allein ans Euter gehen, nachdem sie zweimal erfolgreich angehalten worden sind. Wenn das Fohlen die Kolostralmilch getrunken hat, besteht zwischen Stute und Fohlen ein unsichtbares, untrennbares Band, das erst dann gelöst wird, wenn die Stute ein neues Fohlen zur Welt bringt oder keine Milch mehr hat.

Nachdem das Fohlen das Euter gefunden und sich sattgetrunken hat, legt es sich nach den vielen Anstrengungen flach auf das inzwischen nachgestreute, frische Stroh und fällt in einen tiefen Schlaf. Die

Mutterstute, natürlich auch sehr erschöpft von den großen Anstrengungen der Geburt, steht in Ruhestellung, den Hals schützend über das Neugeborene haltend, mit halbgeschlossenen Augen daneben.

Nachgeburt und Desinfektion des Nabels

Der Pferdehalter hat, nachdem das Fohlen in diesem Fall ohne große Probleme das Euter gefunden und relativ lange von der so wichtigen Kolostralmilch, getrunken hat, die Nachgeburt bereits aus der Box entfernt. Prüfend untersuchen der Pferdehalter und die hinzugekommenen Helfer diese nun auf Vollständigkeit und lassen sie zur späteren Kontrolle durch den Tierarzt liegen. Es kann vorkommen, dass die Nachgeburt nicht vollständig abgeht und sich ein Rest noch in der Gebärmutter oder im Geburtskanal befindet. Wird das nicht frühzeitig erkannt und vom Tierarzt behandelt, kann es zu schlimmen Entzündungen und Eiterherden kommen, die für die Stute sehr schmerzhaft sind und sich auf die Qualität der Milch niederschlagen.

Das Fohlen schläft jetzt tief und fest. Der Pferdehalter betritt mit einer Flasche Jod die Box, um den Nabel zu desinfizieren, damit er sich nicht entzündet. Mittlerweile ist auch der herbeigerufene Tierarzt eingetroffen und prüft den Nabel des Fohlens und die Vollständigkeit der Nachgeburt. Er befragt die Umstehenden, ob das Fohlen schon Stuhlgang gehabt habe. Die Frage wird verneint, und er hält eine Tube Klistier bereit, das dem Fohlen in den After eingeflößt werden soll, wenn es drückt. Hengstfohlen haben aufgrund ihres im Vergleich zu Stutfohlen verschiedenen Beckens größere Probleme mit dem Darmpech. Das Fohlen ist tatsächlich wieder erwacht und versucht nun, den Kot herauszupressen. Das Klistier wird vom Tierarzt verabreicht. Nach etwa zehn Minuten ist klebrigzäher, schwarzer Kot zu beobachten, der jetzt vom Fohlen hinausgedrückt werden kann. Inzwischen hat der Doktor zwei Spritzen mit Impfserum aufgezogen, die er jetzt dem Fohlen in die Brust injiziert – eine gegen Tetanus, die andere gegen Fohlenlähme. Am dritten Tag kommt der Tierarzt noch einmal, um den Impfschutz durch weitere Injektionen abzuschließen.

Die Mutterstute hat sich ein wenig aufgeregt, als so viele Personen sich versammeln und ein für sie aus eigener Erfahrung unsympathischer Mensch Hand an ihr Fohlen legt. Sie muß aufgehalftert und mit beruhigenden Worten von der Arbeit des Tierarztes an ihrem Fohlen abgelenkt werden. Jetzt hat sich das Fohlen jedoch wieder zum Schlafen niedergelegt. Der Stute wird das Halfter abgenommen, und alle anwesenden Personen blicken noch einen Moment stumm auf das friedliche Bild. Sie verlassen den Stall und sind zufrieden, dass die erste Geburt der Stute so problemlos verlief.

Das erste Fohlen lässt die Stute reifen

Zwei Wochen später kommen die stolze Mutter und ihr hochbeiniger Sprössling zum ersten Mal mit den anderen Stuten zusammen auf die Weide. Diese beäugen den Neuling hoch interessiert mit großen Augen und steil aufgestellten Ohren, halten aber respektvoll Abstand. Die junge Mutter ist sich ihrer neuen Stellung voll bewusst und führt ihr Fohlen den anderen mit hoch erhobenem Kopf und aufgestelltem Schweif sehr beeindruckend vor. Durch das Fohlen an ihrer Seite ist sie in der Rangordnung aufgerückt. Das erste Fohlen ist für jede Stute, egal welchen Alters, ein Sprung in der Entwicklung ihrer Persönlichkeit. Sie gewinnt in hohem Maße an Ruhe, Selbstbewusstsein, Reife und Ausdruck und erhält einen höheren Rang in der Pferdegesellschaft.

DIE ARABISCHEN FARBEN

Pferde können – vorausgesetzt, sie haben Papiere – jederzeit anhand der darin beschriebenen Farbe und den Abzeichen identifiziert werden. Sowohl die Tasthaare (Maul, Nase und um die Augengegend), die Schutzhaare (auch Langhaar genannt – Mähne, Schweif und Kötenbehang) als auch die Deckhaare (das Haarkleid, das den Pferdekörper bedeckt) bestehen jeweils aus einer Rinden- und einer Markschicht. In diesen Schichten ist der Farbstoff (Pigment) eingelagert. Das Pigment (Melanin) ist ein feinkörniger rotbrauner Farbstoff. Die dunklen Pferde haben pigmentreichere Schichten.

Der Araber erscheint meist in der Schimmelfarbe

Um einen groben Rahmen abzustecken, unterscheidet man Pferde mit einfarbigen Haaren von Pferden mit zweifarbigen Haaren. In die Gruppe der einfarbigen Pferde fallen auch jene Tiere, die zweifarbig meliert sind, aber eine relativ einheitliche Grundfarbe aufweisen. Zur Gruppe der zweifarbigen gehören auch Pferde, die überwiegend dreifarbig, bzw. dreifarbig aufgrund von verschiedenen Stichelhaaren sind, sowie Pferde, die abgrenzend dreifarbig sind, wie z.B. ein dreifarbig geschecktes Pferd. Schecken kommen bei den Vollblutarabern nicht vor. Erst durch die Anpaarung mit fremdblütigen Rassen kann man einen »arabischen Schecken« erhalten, der dann natürlich nicht mehr als reinblütiger Araber eingetragen werden kann, sondern als Halbblutaraber.

Zur Gruppe der einfarbigen Pferde werden Tiere mit den drei Grundfarben Fuchs, Brauner und Rappe gezählt.

Der Schimmel, die Hauptfarbe der arabischen Pferde, muss immer etwas gesondert betrachtet werden, da es innerhalb dieser Gruppe unheimlich viele verschiedene Möglichkeiten der Farbentwicklung und -ausprägung gibt.

Der Fuchs hat als Grundton rotes Haar, ähnlich dem des kleinen Raubtiers, nach dem die Farbe benannt wird. Die Bandbreite einer Fuchsfärbung reicht vom ziemlich hellen Goldfuchs oder auch Hellfuchs mit eher gelbroter Färbung bis zum tiefdunklen Dunkelfuchs, dessen Haarkleid fast schwarz sein kann. Das Schutzhaar ist beim Fuchs meist gleichfarbig mit dem Deckhaar, aber auch heller getöntes Schutzhaar kommt recht häufig vor. Die Fohlen werden in Farben von Gelbrot über Grau bis Braunschwarz geboren. Die endgültige Fuchsfarbe nehmen sie erst mit Ablegen des Fohlenpelzes an.

Die übergeordnete Farbbezeichnung »Fuchs« wird also in drei Farbgruppen eingeteilt: Hellfuchs, Fuchs und Dunkelfuchs, wobei es noch einige Variationen dazwischen gibt, wie den Goldfuchs – Füchse mit starkem Goldglanz im Deckhaar – oder den Brandfuchs, der hellere, wie abgesengt wirkende Haarspitzen an Deck- und Schutzhaar trägt. Wenn zwei Füchse angepaart werden, ergibt sich fast immer wieder ein Fuchs. Sie sind in ihrer Farbvererbung dominant.

Die Fohlen von Rappen werden nicht schwarz geboren, sondern weisen meist eine mausgraue bis grauschwarze Färbung auf. Diese mausgrauen Fohlen können sich dann nach dem Ablegen des Fohlenfells zu Pferden in den unterschiedlichsten Rappfarben entwickeln. So gibt es den Sommerrappen und als Gegenpol dazu den Winterrappen. Dieser wiederum hat nur im Winter ein rappfarbenes Fell und zeigt im Sommer eher ein Schiefergrau. Dann gibt es den Kohlrappen, dessen Fell tiefschwarz, aber glanzlos ist, und den Glanzrappen, dessen Fell ebenfalls tiefschwarz ist, aber einen metallischen Glanz zeigt.

Die nächste wichtige Farbausprägung ist die des Braunen, der allerdings wie der Rappe bei den Vollblutarabern und Shagya-Arabern seltener anzutreffen ist. Diese Fellfärbung variiert zwischen Gelbbraun und Dunkelbraun. Im Gegensatz zu den Füchsen ist das Schutzhaar beim Braunen typischerweise schwarz. Aber nicht nur Schweif, Schopf und Mähne sind beim Braunen schwarz gefärbt, sondern auch die Beine von den Vorderwurzelgelenken an bis zu den Hufen.

Man unterscheidet bei den Braunen zwischen dem Hellbraunen, der eine etwas ins Gelb fallende Färbung hat, über den Dunkelbraunen, der an den Innenseiten der Schenkel sowie an den Flanken und an der Nase eine rötlichgelbe Schattierung aufweist, ansonsten aber dunkelbraun ist, bis hin zum Schwarzbraunen, dessen Deckhaar fast ganz aus schwarzen Haaren besteht. Nur die Lippen, die Nase, das untere Augenlid sowie die Flanken sind von einer kupfernen oder rotbraunen Färbung.

Aber gerade die Seltenheit einer Farbe in einer Rasse macht die betreffenden Pferde zu begehrten Tieren. So kommt es, dass Araber, die z. B. viel Rappblut in ihrem Stammmbaum führen, hoch gehandelt werden.

Das erste arabische Pferd war sicher ein Schimmel …

Aber nun zu der Schimmelfarbe, die der Großteil der Vollblutaraber aufweist. Einer der berühmtesten Liebhaber der Schimmel war Napoleon Bonaparte. Er ritt in allen seinen Schlachten Vollblutaraber (was vielleicht auch auf seine geringe Körpergröße zurückzuführen war!), und diese mussten weiß sein.

Ein Schimmel, sofern er gewaschen ist, wirkt meist trockener als andere Pferde, weil sein Haar durchsichtiger scheint als das von Pferden mit anderen Farben. Aber was macht den Schimmel eigentlich aus? Es gibt bei keiner anderen Pferdefarbe so viele unterschiedliche Begriffe für Farbausprägungen wie bei den Schimmeln.

So gibt es die Eisgrauschimmel und die Silbergrauschimmel, die auch oft Blauschimmel genannt werden. Der Eisgrauschimmel hat eine intensive Färbung mit dominantem Schwarz. Der Silbergrauschimmel hingegen hat eine intensive Färbung, bei der das Weiß am dominantesten ist. Starschimmel sind Pferde, die vorwiegend schwarz mit einzelnen sternförmigen weißen Farbflecken sind. Als Apfelschimmel werden Pferde bezeichnet, die apfelförmige weiße Flecken am ganzen Körper aufweisen, die Grundfarbe ist bei ihnen Grau. Fliegenschimmel werden Pferde genannt, die über den ganzen Körper verteilt kleine schwarze Punkte aufweisen, und beim Rosenschimmel sind die kleinen Flecken rot. Ein Forellenschimmel hat auf weißem Grund Flecken wie der Fliegenschimmel, nur dass die des Fliegenschimmels erbsengroß sind, während die des Forellenschimmels – entweder fuchsbraun, braun oder schwarz – größer sind. Ein Weißschimmel ist ein Schimmel mit weißem Haarkleid auf sehr dunkler Haut. Der Fuchsschimmel ist erst mit den Jahren zum Schimmel geworden. Als Fohlen und Jährling – teilweise bis zum vierten Lebensjahr – war er Fuchs und hellte langsam auf. Beim Braunschimmel liegt der gleiche Vorgang zu Grunde, nur ist seine Grundfarbe braun. Bei Rappschimmeln, die auch Dunkelschimmel genannt werden, geschieht das gleiche, nur dass es bei ihnen mit der »Schimmelwerdung« oft noch länger dauert als bei den Braun- oder Fuchsschimmeln. So sind manche Rappschimmel mit zehn oder zwölf Jahren immer noch nicht vollständig weiß.

Die Differenzierung der letztgenannten drei Schimmelarten ist zu einem späteren Zeitpunkt oft sehr schwer, da die Grundfarbe verschwunden ist. Oft kann man sie nur noch an der Farbe der Wimpern erkennen. Ein und dasselbe Pferd kann jedoch im Laufe seines Lebens eine ganze Reihe der vorgenannten Erscheinungsformen aufweisen. Ein Pferd, das den Züchter z. B. als Rappschimmelfohlen verlässt, kann mit vier Jahren als Apfelschimmel einen neuen Besitzer finden. Mit zehn startet es auf einem Turnier mit inzwischen vollweißem Fell, und mit fünfzehn Jahren geht dasselbe Pferd auf einen Hof als Gnadenbrotpferd und ist ein Fliegenschimmel. Das muss jedoch nicht sein, denn es gibt auch Schimmel, bei denen nur zwei Stadien auftreten. Manche Pferde sind als Jährlinge schon nahezu weiß und bleiben es, bis sie sterben, aber die meisten Schimmel durchleben einige voneinander verschiedene Schimmelperioden.

Das Haar des Schimmels weist mit zunehmender Weißfärbung immer weniger Mark auf, die Haare des Vollschimmels sind schließlich völlig markfrei. Das ist ein ähnliches Prinzip wie die Altersergrauung beim Menschen, nur dass der Vorgang beim Pferd schneller abläuft. Ein Schimmel kommt immer farbig zur Welt. Weiß geborene Pferde werden als Albinos bezeichnet.

Der Schimmel hat eine dunkle Haut. Die Stellen, an denen die Haut unter dem Fell rosa durchscheint, was meist an Kopf und Beinen zu sehen ist, sind Merkmale von Abzeichen, die nun beim weißen Pferd als solche unsichtbar geworden sind und nur erkennbar sind, wenn diese Stellen nass werden.

Die Schimmelfärbung wird dominant vererbt. Bei den Arabern ergibt z. B. ein Rappe mit einem Rappen gepaart noch lange keinen Rappen, da es sich gerade bei dieser Rasse oft um sogenannte »Zufallsrappen« handelt. Würde man nun allerdings immer wieder Zufallsrappen miteinander paaren, nimmt die Wahrscheinlichkeit, dass daraus Rappfohlen fallen, natürlich zu.

Zu Anfang dieses Jahrhunderts gab es den bekannten Vollblutaraberhengst Amurath I, der in Celle an die 600 Fohlen hinterließ, sowie den Shagya-Araberhengst Gazal, der auch viel in der Trakehnerzucht eingesetzt wurde und ebenfalls an die 600 Fohlen hinterließ. Alle Fohlen von beiden Hengsten waren Schimmel. Heutzutage wird man kaum noch einen Hengst finden, der mit einer so großen Zahl an Fohlen bewiesen hat, dass er seine Farbe prägnant vererbt. Wer also ein Fohlen in einer bestimmten Farbe züchten will, muss schon experimentierfreudig sein. Allerdings sollte er sich dabei vor Augen halten, dass ein gutes Pferd nicht an seiner Farbe zu erkennen ist – und schließlich hat jede Farbe ihren Reiz.

Vertrauen zum Menschen

Auch Besitzer von arabischen Pferden sind an den Untugenden oder an der Frechheit ihrer Pferde schon verzweifelt. Deren Ursachen sind oft auf Erziehungsmängel im Fohlenalter zurückzuführen. Daher trifft der alte Spruch: »Was Hänschen nicht lernt, lernt Hans nimmermehr!« bei Pferden in besonderem Maße zu. Es genügt bei der Fohlenerziehung nicht, das übliche Programm abzuspulen, womit sich manche Pferdehalter leider begnügen. In diesem Rahmen kann auf die hohe Sensibilität und starke Individualität des Arabers auch nicht genügend eingegangen werden. Fohlen brauchen eine sachkundige Erziehung, die gezielt auf ihren speziellen Charakter und ihre Eigenarten abgestimmt werden sollte. Sie benötigen eine verständnisvolle, aber dennoch strenge Hand. Die Fohlenaufzucht ist eine Gratwanderung zwischen strenger und liebevoller Pflege, für die man eine besondere Hand haben muss. Denn der Willen des Tieres soll nicht unterjocht oder gar gebrochen werden, da man ja einen zuverlässigen Freizeitpartner und sensiblen Freund gewinnen möchte.

Schon in der Nacht der Geburt prägt sich der Mensch in das Gedächtnis des Fohlens ein. Ist der erste Eindruck schlecht, wird sich eine negative Einstellung dem Menschen gegenüber erst einmal festsetzen. Es dauert oft sehr lange, bis man diese Erfahrung wieder aus dem kleinen Pferdekopf herausbekommt und durch eine gute ersetzen kann. Die Erstversorgung, das Desinfizieren des Nabels beispielsweise, ist oftmals der erste direkte Kontakt mit dem Fohlen. Der zweite Kontakt sollte, eine unproblematische Geburt vorausgesetzt, am nächsten Tag entstehen. Schon zu diesem Zeitpunkt ist es wichtig, sich in die Box von Mutter und Fohlen zu begeben, um dem Fohlen einen positiven Eindruck vom Menschen zu vermitteln.

Die Neugier nutzen

Es gibt einen Wesenszug, den alle Fohlen aufweisen und den sich jeder Züchter zunutze machen sollte: Alle Fohlen sind von Natur aus neugierig. Wenn man das begriffen hat und sich dann noch die nötige Zeit nimmt, kann eigentlich nicht mehr viel schiefgehen; denn jedes Fohlen wird irgendwann ganz von selbst auf den Menschen zugehen. Man braucht nur Zeit, Geduld und die nötige Ruhe.

In den ersten Tagen setzt man sich am besten in die Box, um das Vertrauen des Fohlens zu gewinnen. In dieser Zeit kann man mit ruhiger Stimme mit der Stute und dem Fohlen reden, sodass es sich an die menschliche Stimme gewöhnt. Alle täglichen Arbeiten an der Mutterstute und im Stall sollten mit besonderer Ruhe und Sorgfalt erledigt werden. Es schadet nichts, wenn man bei all diesen Erledigungen etwas Zeit vertrödelt, um das Fohlen zu beobachten. Denn jetzt schon kann man einige Charakterzüge des neuen Pferdes kennenlernen.

Ein aufrecht stehender Mensch wirkt grundsätzlich sehr furchteinflößend für das Fohlen. Aus diesem Grund ist es ratsam, die meisten Arbeiten, soweit möglich, in gebückter Haltung oder in der Hocke zu erledigen. Hierbei ist aber unbedingt der Charakter der Stute zu berücksichtigen. Manche Stuten reagieren aggressiv, wenn sich ein Mensch in der Box aufhält und sich ihrem kleinen Fohlen nähern möchte. Grundvoraussetzung bei der Beschäftigung mit dem Fohlen ist, dass man seine Stute gut kennt und sie gegebenenfalls anbindet, um überhaupt an ein sehr scheues Fohlen heranzukommen.

Alle Annäherungsversuche an das Pferdekind geschehen in der Absicht, eine solide Basis für das spätere Vertrauen zum Menschen zu schaffen, das die Grundlage für jegliche Beschäftigung mit dem Pferd bildet. Hat das Fohlen erst einmal Vertrauen gefasst, sind die Hemmschwellen bedeutend niedriger, die es bald immer häufiger überwinden muss, wenn es z. B. in einen Hänger steigen oder dem Menschen in eine Richtung folgen soll, die es von seiner Mutter wegführt.

Für viele Pferdehalter ist das leider kein großes Nachdenken wert, denn sie glauben, dass sie schließlich noch eine Menge Zeit haben, um das Fohlen an diese Aufgaben zu gewöhnen. Doch sollten sie auch bedenken, dass ein Fohlen schon einiges gelernt haben sollte, wenn es seinem künftigen Besitzer übergeben wird. So wird jeder Pferdekäufer glücklich sein, wenn das neuerworbene Tier, egal welchen Alters, beim Abholen ohne großen Widerstand in den Hänger geht.

Die Fohlenerziehung baut im Wesentlichen auf drei Grundelemente auf, die ein jedes Pferd erlernen sollte, egal wie es später eingesetzt wird. Zum ersten muss es sich immer überall anfassen lassen, vom Hufschmied, vom Tierarzt, in erster Linie natürlich vom Pferdebesitzer selbst.

Der zweite Punkt ist die Verkehrssicherheit. Das Fohlen sollte mit allen Gefahren vertraut gemacht werden, denen es später begegnen könnte, so z. B. Straßenüberquerung beim Ausritt, Autos, Lastwagen oder Traktoren und ungewohnte Bodenbeschaffenheit.

Der dritte Punkt ist das Verladen in den Pferdehänger oder Lastwagen. Der eine oder andere denkt vielleicht: »Das brauche ich doch gar nicht. Ich werde mit diesem Pferd nie Turniere oder Schauen besuchen, und zum Deckhengst will ich auch nicht.« Man sollte jedoch »niemals nie« sagen: Sei es nur, dass man vielleicht doch einmal an einem geselligen Ausritt mit Freunden teilnehmen will, der dreißig Kilometer entfernt stattfindet, oder aber – der schlimmste Fall – das Pferd schwer verletzt in die Klinik gefahren werden muss. Wenn das Tier bis dahin noch keinen Hänger kannte und nun auch noch verletzt ist, wird man seine liebe Not mit dem vierbeinigen Freund haben.

Das Fohlen sollte dem Menschen schon ein wenig vertrauen, wenn der Moment kommt, da Mutter und Kind das erste Mal zur Weide oder in den Auslauf gebracht werden. Ein Halfter ist für das Fohlen in diesem Stadium noch nicht angebracht; am besten nimmt man hierfür ein breites, weiches Tuch, oder man verschränkt die Arme um den Hals und das Hinterteil. Man muß auch bedenken, dass das Kleine, wie bereits gesagt, in den ersten Tagen noch nicht sonderlich auf die Mutter fixiert ist. Eine gleichfarbige Stute, die in der Nähe wiehert, kann es sehr irritieren und vielleicht weglocken. Außerdem sind Fohlen noch nicht an die Umgebung gewöhnt. So sollten alle Gefahrenquellen vorher ausgeschlossen werden.

Aufhalftern und Führen

Der nächste Schritt besteht darin, dem Fohlen ein paar Wochen nach der Geburt beizubringen, sich am Halfter führen zu lassen. Das Halfter legt man am besten in der Box an und lässt das Fohlen ein paar Minuten damit allein. »Allein« bedeutet aber keinesfalls, dass man das Fohlen unbeaufsichtigt lassen darf. Denn es versucht natürlich, das störende Ding irgendwie zu entfernen, und die Verletzungsgefahr ist recht hoch, wenn es damit irgendwo hängenbleibt. Aus diesem Grund sollten Fohlen auch nie über längere Zeit ein Halfter tragen. Auch auf der Weide sind z.B. Bäume oft eine Gefahrenquelle, die man nicht unterschätzen sollte.

Wenn das Fohlen sein Halfter als unabänderlich akzeptiert, kann man mit dem Führen beginnen. Am besten gelingt dies zu zweit, wobei eine Person die Stute führt und genau auf die Signale achtet, die der Fohlenführer gibt. Wenn das Fohlen erst einmal vorprescht, sollte man dem Strick Lauf geben. In der Regel bleiben die Fohlen aber eher stehen. Dann geht der Stutenführer ein paar Meter voran, damit die Mutterstute ihr Kind ruft. In diesem Moment muss der Fohlenführer aufpassen, denn das Fohlen springt oft einfach ein paar Meter vor. Der Strick sollte weich in der Hand liegen, damit man ihn schnell einziehen kann, um zu vermeiden, dass das Fohlen hineinspringt oder sich daran aufhängt. Wenn ein Fohlen begriffen hat, dass der Druck nachlässt, wenn es dem führenden Menschen folgt, ist schon viel erreicht.

Um das Fohlen positiv an den Hufschmied zu gewöhnen, sind eine lange Vorbereitung und ein guter Hufschmied nötig, der möglichst schon Erfahrungen mit arabischen Pferden haben sollte. Er wird sich für Fohlen immer viel Zeit und Ruhe nehmen – bei ihnen ist ja meist auch nur sehr wenig Korrektur notwendig. Schon Wochen vor dem ersten Ausschneiden sollte man das Fohlen in der Box kraulen. Zuerst geht man über den Hals zum Rücken, danach über die Schultern zu den Vorderbeinen. Mit den Hinterbeinen verfährt man ebenso, nur dass man vom Rücken abwechselnd über den Bauch und über die Kruppe zu den Hinterbeinen vordringt. Erst wenn das Fohlen sich an das Streicheln und Krabbeln an allen Stellen gewöhnt hat und ihm dies nicht mehr unangenehm ist, kann man beginnen, das erste Bein hochzuheben. Erst nur ganz kurz und nur einige Zentimeter über den Boden, später dann so hoch, wie es zum Hufauskratzen notwendig ist. Damit ein Pferd keine Angst vor dem Hufschmied entwickelt, sollte das so oft wie möglich geübt werden.

Für den Tierarzt gilt im Wesentlichen die gleiche Vorbereitung. Viele Fohlen erschrecken sich allerdings beim Einstechen einer Spritze. In diesem Fall kann man das Fohlen mit folgender Methode »austricksen«: Der Fohlenhalter hält das Fohlen gegen eine Wand, am besten mit dem Hinterteil in eine Ecke, damit es nicht nach hinten wegspringen kann. So hat er eine Hand zum Kraulen frei. Ist keine geeignete Ecke vorhanden, kann man ein kleineres Fohlen auch mit dem Hintern fest gegen den Bauch des Fohlenhalters richten – es kann dann nicht austreten – und die Arme um den Körper nach vorne legen. Man beginnt das Fohlen an einer Stelle, die es gerne hat, sanft zu krabbeln, wenn die Spritze kommt, etwas fester. So bekommt das Fohlen wenig vom Einstich der Spritze mit, da es von dem angenehmen Gefühl abgelenkt wird.

Erziehung des Fohlens im Straßenverkehr

Viele Züchter haben das große Glück, dass ihre Weiden direkt am Stall liegen. Sie brauchen lediglich die Boxentüren zu öffnen, dann findet die Herde allein ihren Weg auf die Weide. Das ist natürlich äußerst praktisch und mit wenig Gefahren verbunden. Aber es gibt auch andere Verhältnisse, die für die Schulung des jungen Pferdes oft besser sind. Liegen die Weiden etwas weiter entfernt, sollte man sich die Mühe machen, das Fohlen ab und zu zur Weide zu führen. Denn der Erfolg für das gewünschte gute Benehmen liegt in der Regelmäßigkeit des Trainings! Wenn es anfangs sehr schwierig ist, das Fohlen auf die Weide zu führen, weil es auf dem Hinweg noch ziemlich übermütig ist, läßt man es zur Weide hin – wenn auf dem Weg keinerlei Gefahren drohen – frei mitlaufen. Auf dem Rückweg wird es einfacher sein. Man braucht zwar meist etwas Geduld, bis das Fohlen eingefangen ist, aber das ist nur eine Zeitfrage. Nach ein paar Mal geht das Fohlen in der Regel schon recht sicher am Führstrick, und man wählt einen kleinen Umweg zum Stall. Vorsicht dabei, Asphalt z.B. wirkt oft erschreckend auf Fohlen.

Alle Übungsmaßnahmen sollten vorher immer genau abgesichert werden. Denn ein Fohlen ist sehr schwer einzuschätzen. Also wählt man erst einmal eine Straße, die nicht befahren wird. Erst wenn das Fohlen absolut sicher ist, kann man sich auf eine ruhige Dorfstraße wagen – selbstverständlich nicht allein, denn erfahrungsgemäß kommt genau in diesem Moment ein großer Lastwagen, und ohne Hilfe steht man mit einem ängstlichem Fohlen und der Mutterstute vor erheblichen Problemen.

Wenn das Fohlen gut und ruhig an der Hand über befahrene Straßen geht, kann ein kurzer Ausritt in Angriff genommen werden. Hierfür ist der Westernsattel mit seinem Knauf ideal, denn man sollte die Kraft eines Fohlens nicht unterschätzen, wenn es aus dem Trab plötzlich stehenbleibt. Allerdings sollte man den Strick auch nicht fest am Sattel verknoten, da man dann nicht nachgeben kann und das Fohlen zu Boden gerissen wird, wenn es erschrickt. Vor dem Freilaufenlassen im Wald kann nur gewarnt werden, weil das Fohlen dann nicht unter Kontrolle ist.

Um ein Fohlen an den Hänger zu gewöhnen, gibt es mehrere Methoden. Stute und Fohlen können »ganz normal« verladen werden: Die Stute wird auf den Hänger geführt, ein Helfer sollte vorn bei ihr stehen bleiben, da sie das Fohlen nicht mehr sehen kann und sich ihre Unruhe auf das Fohlen übertragen könnte. Zwei weitere Personen stellen sich rechts und links neben das Fohlen, fassen sich unterhalb des Schweifes fest bei den Händen und schieben es so behutsam auf den Hänger. Am Kopf zu ziehen ist selten sinnvoll, da Fohlen, die Angst bekommen, sich eher steigend nach hinten überschlagen, als dem beim Ziehen entstehenden Druck aufs Genick nachzugeben.

Die zweite Methode besteht darin, einen Hänger auf die Weide zu stellen und die Pferde darin zu füttern. Verfährt man so, sind allerdings einige Nachteile zu bedenken: Einmal ist die Verletzungsgefahr am Hänger recht groß, und die Fohlen gewöhnen sich nur an das stehende Fahrzeug.

Wenn man normal verlädt, sollte die erste Fahrt nicht zum Brennen führen, da die Fohlen dann keine erfreuliche Erfahrung mit dem Fahren verbinden. Eine Fahrt zur Weide, evtl. mit kleinen Umwegen, bietet sich zur Gewöhnung an. Wenn das Fohlen aussteigt und auf der Weide steht, assoziiert es mit der Fahrt etwas Positives, genauso bei der Rückfahrt, wenn im Stall das Futter schon in der Krippe liegt.

Nach dem Absetzen kann im Prinzip mit der gleichen Erziehung fortgefahren werden wie bisher. Nur sollte man den Absetzer nun auch daran gewöhnen, dass er auch allein weg von allen anderen Pferden spazierengeführt wird. Schließlich will man sich ja später auch mal von einer Gruppe Reiter entfernen, und »klebende« Pferde sind in der Handhabung sehr kompliziert, z.B. wenn man sie als erstes auf die Weide führen möchte und das andere Pferd erst später hinterherkommt.

Ein »klebendes« Pferd gewöhnt man am besten an das Alleinsein, indem man sich am Anfang viel mit ihm beschäftigt, um es abzulenken. Erst wenn es sich ohne Widerstand und ohne ständiges Wiehern nach den Artgenossen in sein »Schicksal« fügt und dem führenden Menschen willig folgt, kann damit begonnen werden, das Pferd auch einmal für einige Minuten vollends alleine zu lassen.

Zu radikal sollte man, wie gesagt, hier nicht vorgehen, denn Pferde sind nun einmal Herdentiere und nur ungern allein. Wenn man ihnen aber schon in jungen Jahren die Angst vor dem (kurzzeitigen) Alleinsein nimmt, werden sie sich später stets gut mit solchen Situationen abfinden.

Die beste Vorbereitung für das spätere Geländereiten liegt in Spaziergängen, die man allein mit seinem vierbeinigen Freund durchführen kann, oder aber – wenn es allzuviel Neues zu bewältigen gibt – mit einem ruhigen, erfahrenen Pferd als Begleitung. So kann man das Jungpferd auf diesen Spaziergängen zum Beispiel an natürliche Hindernisse gewöhnen, wie z. B. einen kleinen Graben, den es zu überspringen, oder einen Bach, den es zu durchqueren gilt. Jungpferde sind im Normalfall, wie gesagt, von Natur aus neugierig und werden abwechslungsreich gestaltete Spaziergänge als willkommene Abwechslung zum Stall- und Weidealltag empfinden.

Bei der gesamten Erziehung sollte beim Besitzer der Ehrgeiz, mit dem Fohlen nun jeden Tag einen neuen Lernerfolg zu erzielen, nicht im Vordergrund stehen. Im Gegenteil: an mehr als drei Tagen pro Woche sollte man normalerweise nicht mit ihm »arbeiten«, da es sonst überfordert werden und sich vom Menschen abwenden könnte.

Scheiden tut weh …

Im Alter von etwa sechs Monaten wird ein Fohlen meistens von der Stute getrennt. Wenn es sich um eine reine Zuchtstute handelt, ist das auch sehr ratsam, da sie zu diesem Zeitpunkt in den meisten Fällen schon wieder ein Fohlen von vier bis fünf Monaten im Bauch trägt, das ihr viel Kraft raubt. Die beste Art, das von der Mutter entwöhnte Fohlen artgerecht und glücklich aufzuziehen, ist die Einstellung in eine Herde oder Gruppe mit anderen Gleichaltrigen oder wenigstens mit einem Pferd. Mischgruppen, in denen Jungpferde mit einem Jahr Altersunterschied gemeinsam gehalten werden, haben sich auch bewährt. Dabei muss der Pferdehalter seine Pferde aber sehr gut kennen, denn ein älteres Tier könnte seine Position ausnutzen und die jüngeren, besonders beim Fressen, unterdrücken.

Eines schönen Herbsttages werden in einem kleinen Privatgestüt die sechs Monate alten Fohlen von ihren Müttern getrennt. Die Fohlen werden gemeinsam auf eine von der Weide der Mutterstuten weit entfernte Weide gebracht, wo sie ihre Mütter nicht hören und riechen können. Am Anfang leiden sie natürlich sehr unter der Trennung, und das Wiehern nach Mutters Geborgenheit scheint nicht abzubrechen. Nach ein paar Tagen lässt es aber nach, und mit der Zeit fangen die gleichaltrigen Stuten vorsichtig an, Freundschaften untereinander zu knüpfen. Sie verstehen, dass sie nun eine Herde bilden müssen.

Die Mutterstuten leiden unter der Trennung meist genauso lang, oft sogar länger als ihre Kinder, da sie ihre Milchproduktion einstellen müssen, was oft ein schmerzhafter Prozess ist. Fohlen hingegen fressen ja schon ab der vierten Woche bei der Mutter mit, ab drei Monaten fast selbständig. Nicht, dass sie dann die Muttermilch nicht mehr brauchen würden, aber mittlerweile ist es sogar möglich, mutterlose Fohlen im schlimmsten Fall durch eine gezielte Ernährung mit Milchersatzstoffen und frühzeitige Gewöhnung an energiehaltiges Kraftfutter gesund aufwachsen zu lassen.

Nach vier Wochen auf der Weide wird das Wetter schlechter, und die Stallperiode beginnt. Mitte Oktober werden die Absetzer zum Stall zurückgeholt. Auf dem Hof angekommen, läuft eine der Jungstuten sogleich zielstrebig zu seiner Mutter, um sie zu begrüßen. Die Erinnerung ist natürlich noch da. Die Mutterstute, die angebunden mitten auf dem Hof steht, begrüßt ihre Tochter ebenso liebevoll, bis diese versucht zu trinken. Wohl nicht aus Hunger, sondern aus alter Gewohnheit und Saugreflex. In diesem Moment wird die wieder tragende Mutterstute aggressiv, um ihrer Tochter zu zeigen, dass diese Zeiten vorbei sind.

Nach ein paar Tagen, an denen sie täglich zusammen ein paar Stunden zum Auslauf in einen Paddock gestellt werden, hat die Jungstute verstanden und gibt jegliche Trinkversuche auf. Sie teilt nun zusammen mit ihrer neuen Freundin, einer Rappschimmelstute, eine geräumige Box. Da sich ihre Freundschaft in den vier Wochen auf der Weide gebildet hat, gibt es auch in der Box keine Probleme wie Futterneid oder andere Streitereien. Nach einer Weile sind die zwei so dicke Freundinnen, dass die eine nur schwer ohne die andere aus dem Stall geholt werden kann, egal ob es begehrtes Futter für die Zurückgebliebene gibt oder nicht. Wie man es gelegentlich auch bei Menschenkindern beobachten kann, übernimmt immer die Stute den Führungspart, die in der Entwicklung gerade etwas weiter ist, und das muss durchaus nicht immer die ältere sein.

Im darauf folgenden Sommer wird die Rappschimmelstute verkauft. Die Trennung wird von beiden Tieren – wie schon ein halbes Jahr zuvor die Trennung von den Müttern – ein paar Wochen lang recht schmerzhaft empfunden. Pferde können sich umgewöhnen, sie vergessen aber nichts. Sie finden sich mit der gegebenen Situation ab, und in dem geschilderten Fall schließt sich die daheim gebliebene Stute an die anderen, wenn auch viel älteren Stuten an.

Die verkaufte Stute kommt zu einem Wallach auf die Weide, den sie nun als zukünftigen Wegbegleiter akzeptieren muss. Zwei Jahre später wird sie zum Decken in ein anderes Gestüt gebracht. Die inzwischen erwachsene Stute wird aus Platzgründen mit elf anderen zu deckenden Stuten in eine Halle gestellt. Zwei Tage später kommt ihre damalige Freundin ebenfalls zum Decken in das gleiche Gestüt, und auch sie kommt in die Halle. Etwas unsicher durch die vielen Pferde steht sie einen Moment an der Türe, weil sie hofft, so besser fliehen zu können, falls die anderen Stuten sie anzugreifen versuchen. Aber nichts dergleichen geschieht. Alle Stuten sind Herdenhaltung gewöhnt und verhalten sich friedlich. Plötzlich galoppiert die neu angekommene los und direkt auf ihre alte Freundin, die Rappschimmelstute, zu. Die beiden stoßen sich leicht mit den Nüstern an und bleiben fortan für die Zeit im fremden Gestüt Seite an Seite. Sofort fressen sie auch wieder aus einem Eimer, indem sie entweder ihre Köpfe gemeinsam hinein stecken oder sich abwechseln.

Die anfangs mit allen friedliche Rappschimmelstute lässt nun keine Stuten mehr in die Nähe ihrer wiedergefundenen Freundin. Aber ebenso wenig darf eine andere Stute in ihre Nähe, sofort legt dann die Kumpanin wiederum die Ohren an, um zu zeigen, dass die andere verschwinden soll.

Diese Freundschaft ist kein Einzelfall, denn der Züchter des erwähnten Gestüts weiß zu berichten, dass in dieser Halle schon häufiger Stuten zusammentrafen, die vom gleichen Züchter kamen und irgendwann getrennt wurden. Alle diese Stuten erkannten sich auch wieder und taten sich sofort zusammen.

Mit Gleichaltrigen macht das Kräftemessen Spaß!

Nach dem Absetzen von der Mutterstute werden die Fohlen auf den Gestüten nach Geschlechtern getrennt. Es gibt dann eine Gruppe von abgesetzten Hengstfohlen und eine mit den entwöhnten Stuten. Nach dem ersten Trennungsschmerz entwickeln sich in beiden Herdenverbänden schnell Freundschaften und Feindschaften. Wilde Rangeleien und spielerisch wirkende Kämpfe um die Stellung in der Rangordnung wird man bei den Hengstfohlen jedoch häufiger beobachten als bei den jungen Stuten. Diese keilen mehr mit der Hinterhand und klären ihre Differenzen im Großteil der Fälle schneller als die werdenden Herren. Die Junghengste benutzen größtenteils die Vorhand und das Gebiss, wenn sie ihre Kräfte messen. Es geht stets darum, den »Gegner« auf die Knie zu zwingen, um ihn dann mit einem Biss in den Mähnenkamm am Boden zu halten. Dazu gehört das Zwicken in die Vorderbeine, um den Kniefall zu erreichen und den anderen in die unterlegene Position zu bringen. Dieser versucht nun, aus der Position des Unterlegenen heraus an eine günstige Stelle des Rivalen heranzukommen, um den Spieß umzudrehen. Es geht den Hengsten dabei nie darum, den anderen zu verletzen, sondern – so gefährlich es auch manchmal aussehen mag – lediglich darum, die eigene Kraft und Geschicklichkeit unter Beweis zu stellen und so den anderen zu imponieren.

Dieses Verhalten ist sehr wichtig für die gesunde Entwicklung der jungen Hengste; denn sie lernen dabei, dass es meist einen gibt, der ihnen überlegen ist, und wie sie ihre eigene Kraft und Geschicklichkeit einzuschätzen haben. Mit Junghengsten umzugehen, die in einer Herde gehalten werden, ist für die jeweiligen Bezugspersonen einfacher als der Umgang mit solchen, die nur in Gesellschaft von älteren Pferden aufwachsen – oder im schlimmsten Fall ohne direkten Sozialkontakt mit Artgenossen. Das Aufziehen eines Junghengstes in einer Herde mit Gleichaltrigen ist die artgerechteste Form, ihn zu halten. Damit werden die besten Voraussetzungen für die spätere Erziehung und Ausbildung geschaffen.

In freier Wildbahn werden die jungen Hengste bis zum Alter von einem bis eineinhalb Jahren im Herdenverband geduldet. Dann werden sie vom Leithengst verjagt und schließen sich zu einer lockeren Gruppe zusammen, bis sie durch siegreiche Kämpfe selbst eine Herde gründen können. Den jungen Hengsten geht es in allererster Linie darum, durch Messen von Kraft und Geschicklichkeit eine Vormachtstellung zu erlangen. Können sie das nicht in einer Herde mit Gleichaltrigen, wird die Bezugsperson meist das Opfer ihrer Bestrebungen. Eine sehr konsequente, strenge Erziehung, die für das Pferd aber in jedem Falle nachvollziehbar sein muss, ist bei Junghengsten in jedem Falle erforderlich. Bei Tieren, die auf weiten Flächen in Gruppenhaltung aufwachsen, wird der Bewegungsdrang je nach Bedarf gestillt, und die natürlichen Verhaltensweisen können ausgelebt werden. Durch das Spiel und die Rangeleien mit den anderen gewinnen junge Hengste in der Herde an Kraft und Geschicklichkeit und finden zu ihrem inneren Gleichgewicht.

Besitzer von jungen Hengsten sollten daher jede Möglichkeit nutzen, ihren Hengst zusammen mit anderen Junghengsten aufwachsen zu lassen, um seinen Charakter positiv zu entwickeln und unnötige Kämpfe mit ihm zu vermeiden. Wenn keine Stuten in der Nähe sind, können die Hengste bis zum Alter von drei Jahren in der Herde gehalten werden, solange keiner von ihnen schon gedeckt hat. Dieser würde dann die absolute Vormachtstellung fordern und jeden unerbittlich jagen, der es wagte, sich dagegen aufzulehnen. Wenn möglich, empfiehlt es sich, den Wallach oder Hengst erst kurz vor dem Beginn der Ausbildung, bei der er sich ja stark auf den Ausbilder konzentrieren soll, aus der Herde zu nehmen. Es wird dem Ausbilder dann Freude bereiten, ein lebenstüchtiges, unverdorbenes Tier, das willig und lernbereit mitarbeitet, auf seine Aufgabe als Reitpferd und Partner des Menschen vorzubereiten.

Freundschaften und Feindschaften

Wir reden, um uns zu verständigen. Das läuft meist über das gesprochene Wort. Wer einmal in einem fremden Land war, dessen Sprache er nicht verstand, hat sich in wichtigen Situationen aber sicher auch verständlich machen können, nämlich über die Zeichensprache.

Bei Pferden ist das sehr ähnlich: Sie haben nur die Zeichensprache, denn ihr »Wortschatz« ist beschränkt auf Rufe, z. B. wenn sie ihre Artgenossen nicht mehr sehen können. Die Zeichensprache ist bei den Pferden sehr ausgeprägt: Sie beginnt schon bei der Schweifhaltung. Selbst von hinten kann man, wenn man es ein wenig übt, erkennen lernen, wie sich das Pferd fühlt. Denn wenn ein Pferd z. B. mit dem Schweif schlägt, vertreibt es damit nicht nur die störenden Fliegen, es kann auch ein Zeichen für Verspannungen im Rücken sein, besonders beim Reiten.

Das Gesicht des Pferdes spricht Bände

Die größte Ausdrucksmöglichkeit hat aber beim Pferd, genau wie beim Menschen, das Gesicht.

Die Ohren des Pferdes funktionieren als Empfänger und Sender. Sie empfangen Geräusche und Schwingungen, die genau geortet werden können, da die Pferdeohren äußerst beweglich sind. Zudem senden die Pferde durch die Haltung ihrer Ohren Signale an ihre Artgenossen und auch an den Menschen. Die Ohren sind also ein sehr wichtiges Ausdrucksmittel in der Pferdesprache und geben über Gefühle und Stimmungen des Pferdes Aufschluss.

Wenn man sein Pferd verstehen möchte, sollte man sich einige Ausdrucksmittel der Pferdesprache einprägen. Es ist dann wesentlich leichter, auf das Pferd einzuwirken. Das Pferd ist sehr aufmerksam, wenn die Ohren steil nach vorn gerichtet sind. Es konzentriert sich z. B. auf ein anderes Pferd, dem es freundlich gesinnt ist, oder auf irgend etwas, das seine Neugier geweckt hat. Oder es ist auf eine (wirkliche oder vermeintliche) Gefahr aufmerksam geworden. Oft hilft es in solchen Momenten, dem Pferd die vermeintliche Gefahr zu zeigen und beruhigend darauf einzureden, damit es die Situation als ungefährlich einstufen kann.

Hat das Pferd die Ohren nach hinten gerichtet, lauscht es nach Geräuschen, die hinter ihm sind, z.B. auf die Stimme bzw. auf Zeichen seines Reiters, um darauf reagieren zu können. Das ist allerdings nicht zu verwechseln mit flach nach hinten gelegten Ohren, die als eindeutige Drohgebärde zu deuten sind.

Als die Pferde noch frei in der Wildnis lebten, hatte diese Drohgebärde noch einen ganz anderen Zweck. Denn wann immer sie sich auf einen Kampf einstellen mussten, sei es um einen anderen Hengst vom Abwerben einer Stute abzuhalten, sei es um die Herde gegen Raubtiere zu verteidigen, legten die Hengste ihre Ohren flach an den Kopf, um es dem Gegner zu erschweren, in die empfindlichen Sinnesorgane zu beißen.

Im Laufe der Entwicklung sind flach angelegte Ohren zu der Drohgebärde geworden, wie wir sie heute kennen: Die Gültigkeit dieser Gebärde beschränkt sich nicht nur auf den Umgang der Tiere untereinander, sondern schließt auch die übrige Umgebung des Pferdes mit ein – den Menschen und andere Haustiere, die im Umgang mit Pferden leben.

Die seitliche Aufstellung der Ohren kann verschiedene Launen und Gefühle des Pferdes ausdrücken, es hängt davon ab, in welcher Position die Ohrmuschel sich gerade befindet. Wenn die Ohren nur ein wenig zur Seite gestellt sind, dabei aber gespitzt bleiben, hört das Pferd auf Geräusche, die von der Seite kommen. Sind sie aber seitlich abgeknickt, drückt das meistens Müdigkeit oder Teilnahmslosigkeit aus. Im schlimmsten Falle, wenn die Ohren seitlich herabhängen und kaum noch bewegt werden, ist daraus zu schließen, daß das Pferd unter starken Schmerzen leidet oder seine Lebensfreude verloren hat. Dieser Verdacht kann sich durch glanzlose, halb geschlossene Augen ohne Ausdruck bestätigen.

Eine seitliche Stellung der Ohren kann auch bei Pferden beobachtet werden, die bei Rangkämpfen ihre Unterlegenheit zeigen. Dieses geschieht bei jungen Pferden immer im Verein mit dem »Kauen«. Dieses Kauen drückt die absolute Unterwerfung eines jüngeren Pferdes gegenüber einem älteren aus. Bei jungen Hengsten hält dieses Demutsverhalten meist länger an als bei Stutfohlen. So hören Stutfohlen meist schon mit einem halben bis einem Jahr mit dem Kauen vor ranghöheren Tieren auf, gleich, ob es sich um andere Stuten oder um Hengste handelt. Bei Hengsten kann dieses Kauen unter Umständen bis zum dritten oder gar vierten Lebensjahr beobachtet werden. Das hängt sehr vom Selbstbewußtsein und der Entwicklungsstufe des jeweiligen Hengstes ab.

Maul und Nüstern gehören wie die Ohren zu den wichtigen Ausdrucksmitteln der Pferde. Ähnlich wie der Mensch verleihen sie damit ihren Gefühlen Ausdruck. Zieht das Pferd die Maulwinkel nach unten und kräuselt es die Nüstern, so drückt es damit, wiederum wie der Mensch, Unbehagen aus. Zieht es aber die Maulwinkel nach oben, spitzt die Ohren und weitet die Nüstern, signalisiert es eine »gute Stimmung«. In sehr aufregenden Momenten, egal ob aus Angst, Freude oder Erstaunen über eine flatternde Tüte, reißen Pferde ihre Nüstern weit auf, vielleicht um ihrer Erregung Luft zu machen.

Die Sinnesorgane des Pferdes konzentrieren sich, von der Haut abgesehen, wie bei allen Säugetieren im Gesicht, dessen Ausdruck also die größte Beachtung geschenkt werden sollte, sobald man in Kontakt mit ihm tritt.

Manchmal kommt es auf die Farbe an…

Daß Pferde »Rassenvorurteile« haben können, wurde schon öfter deutlich beobachtet. So gibt es Hengste, die eine bestimmte Farbe bei der Wahl ihrer Stute bevorzugen, und Stuten, die Hengste von einer bestimmten Farbe völlig ablehnen. Bei Hengsten, die in freier Wildbahn leben, wurde oft beobachtet, dass sie sich ihren Harem nach einer bestimmten Farbe aussuchten.

Dieses Verhalten wird – ohne es allerdings beweisen zu können – auf die Beziehung zwischen Mutterstute und Fohlen zurückgeführt. Das Fohlen kommt zur Welt, nimmt den Geruch der Mutter wahr und ist von diesem Zeitpunkt an auf die Mutterstute fixiert. Die Prägung auf die Farbe der Mutter kann dann so weit gehen, wie bei einem ganz berühmten Araberhengst, der einer der besten Zuchthengste seiner Zeit war, sich aber konsequent weigerte, Stuten zu decken, die eine andere Farbe als Grau hatten. Nach vielen Überlegungen und gescheiterten Tricks fanden die Halter des Hengstes die Lösung: Sie brauchten andersfarbigen Stuten nur eine graue Decke überzulegen, dann wurden sie von dem Hengst akzeptiert.

Andere Hengstbesitzer, die ähnliche Probleme mit ihren Hengsten hatten, versuchten es mit zwei Stuten, indem sie eine Stute mit der Lieblingsfarbe des Hengstes neben die andersfarbige Stute stellten, die zu decken war – sozusagen eine »Abprobierstute«. Dieses Verhalten von Hengsten kann aber auch mit anderen Erlebnissen zusammenhängen. So berichtete ein Züchter, dass sein Schimmel in jungen Jahren von einem braunen Hengst niedergekämpft und fürchterlich lädiert worden sei. Seitdem lege der Hengst einen abgrundtiefen Hass gegenüber braunen Pferden an den Tag, der auch vor hochrossigen Stuten nicht halt macht.

Solche Beispiele gibt es zu Tausenden, ebenso bei Stuten. So wurde ein fuchsfarbenes Absatzfohlen aus einer Mutterstute, die ebenfalls Fuchs war, in eine Herde von Schimmeln gestellt. Auf dem Hof, auf dem Araber gezüchtet wurden, gab es nur Schimmel. Nach drei Jahren kam ein fremdes Pferd für einen Sommer auf den Hof. Es war eine Englische Vollblutstute – und ein Fuchs. Die mittlerweile dreijährige Fuchsstute galoppierte auf sie zu, als ob sie ihre leibhaftige Mutter vor sich hätte, und wich ihr fortan nicht mehr von der Seite, obwohl sie in der Herde längst viele Freundinnen hatte …

Täglich an die frische Luft

Bei der Pferdehaltung sollte auf ausreichende Bewegung und genügend Licht und Luft allergrößten Wert gelegt werden. Für Pferde jedweden Alters und Geschlechts, egal ob Jungpferde, Zuchtstuten, oder Hengste, ist es am besten, wenn sie täglich einige Stunden draußen sein können, um sich bewegen und Sozialkontakte pflegen zu können. Die Pferde sollten allen Umwelteinflüssen, wie Sonne, Wind, Regen, Wärme und Kälte, ausgesetzt werden. Sie müssen sich bewegen, damit der Kreislauf auf Touren kommt, denn schließlich sind Pferde Lauftiere. Besonders die Sinne des Pferdes werden durch langen Aufenthalt im Freien geschärft, und bei Jungpferden kann sich durch die Bewegung in der Herde ein gesunder Charakter entwickeln. Für die Entwicklung der Jungpferde ist die Auseinandersetzung mit Artgenossen das A und O, auch wenn es dabei nicht immer ohne ein paar »Kriegswunden« abgeht.

Stuten und Fohlen sollten auf die Weide, sobald das erste Grün aus dem Boden geschossen ist. Denn der Stoffwechsel funktioniert am besten, wenn die Pferde viel Sonne bekommen. Die Züchter haben festgestellt, dass die Fruchtbarkeitsrate höher ist, wenn Stuten viel an die Sonne kommen und frisches Gras erhalten, und auch die Fohlen wachsen auf der Weide am gesündesten heran. Natürlich müssen die Weiden immer gut gepflegt werden, und die Umzäunung muss in bestem Zustand sein, damit die Pferde sich nicht verletzen können.

Alle zwei Jahre sollte die Weide nur zur Heuernte genutzt werden, um einen starken Wurmbefall zu vermeiden.

Pferde fühlen sich sichtlich wohl, wenn sie auf der Weide sind. Sie sind um vieles ausgeglichener als in der Box und können in einem gesunden Rhythmus leben. Leider ist die Freilandhaltung nicht überall möglich. Das Pferd kann in der heutigen Zeit in den meisten Fällen nicht so gehalten werden, wie es seinen natürlichen Bedürfnissen entspricht. Der Mensch öffnet dem Pferd die Box, wenn es sich bewegen soll, woraufhin das Tier sich in wilden Galoppsprüngen austobt. Dieses Herumbuckeln wird oft als pure Lebensfreude interpretiert, ist aber in Wahrheit meist ein Zeichen für aufgestaute Energie.

Wenn man Wildpferde beobachtet, bewegen sich diese – mit Ausnahme der Jungpferde – selten im Galopp. Im Normalfall gehen sie in einem Zeitraum von vierundzwanzig Stunden acht bis sechzehn Stunden im gemächlichen Schritt. Unsere Zuchtstuten hingegen können besonders im Winter nur in den seltensten Fällen selbst bestimmen, wann und wieviel sie sich bewegen möchten.

Araber, die in Spanien oder in anderen trockenen und warmen Gebieten zu Hause sind, können gegebenenfalls ihr ganzes Leben ohne Stall an der frischen Luft verbringen. Das einzige, was sie benötigen, ist ein Baum, der ihnen bei zu starker Sonneneinstrahlung Schatten spendet. In den meisten anderen europäischen Ländern ist so eine Haltung leider nicht möglich, wobei nicht die Kälte, sondern die Nässe für die arabischen Pferde schwer verträglich ist. Trockene Kälte kann ein Araber bis zu tiefen Minusgraden gut vertragen – schließlich war er in der Wüste, wo das Thermometer in der Nacht oft unter Null fällt, auch erheblichen Temperaturschwankungen ausgesetzt, aber Feuchtigkeit und Regen sind der Gesundheit des Arabers nicht förderlich.

In unseren Gefilden können arabische Pferde nur unter bestimmten Voraussetzungen ganzjährig draußen gehalten werden. Sie brauchen dazu eine zugfreie, geräumige Schutzhütte, die allen Platz bietet, um sich ins Trockene zu stellen und auch auf trockenem Untergrund zu schlafen.

Die Fütterung von Zucht- und Jungpferden

Nahezu jeder Züchter hat seine eigenen Theorien, was die Fütterung seiner kostbaren Mütter und Väter angeht. Die Diskussionen um die richtige Fütterung von Zucht- und Jungpferden haben sich mittlerweile zu einer »Wissenschaft für sich« entwickelt. Der Stutenbesitzer, der seine Stute als Reitpferd hält und nun einmal den Wunsch hat, ein Fohlen aus ihr zu ziehen, hat es oft schwer, wenn er erfahrene Züchter um Rat fragt, wie die Stute während der Trächtigkeit, bzw. Mutter und Kind nach der Geburt am besten zu füttern seien. Denn er hört möglicherweise, dass der eine auf bestimmte Futtermittel schwört, die ein anderer wiederum als ungeeignet oder gar schädlich rundweg ablehnt.

Ein Futterrezept als das »einzig richtige und wahre« anzusehen, mag aus der individuellen Erfahrung heraus vielleicht verständlich und folgerichtig sein, doch sollte man immer versuchen, das Futter individuell den Bedürfnissen des Einzeltieres anzupassen.

Natürlich gibt es Richtwerte, die allgemein veranschaulichen, was die Stute in den einzelnen Phasen der Trächtigkeit an Nährstoffen benötigt, um den erhöhten Bedarf ihres Organismus zu decken. Um herausfinden zu können, was die eigene Stute braucht, muss man sein Pferd möglichst genau kennen. Erfolgreiche Züchter, die als »gute Adressen« gehandelt werden, kennen ihre Zuchtstuten äußerst genau und wissen oft schon bei kleinsten Anzeichen einer Verhaltens- oder Wesensänderung, welche Maßnahmen sie zu ergreifen haben, damit alles zum Besten steht.

Der Qualität der Futtermittel kommt bei Zuchtpferden eine noch größere Bedeutung zu. Selbstverständlich sollte jeder Pferdehalter auf einwandfreie Qualität der verwendeten Futterstoffe achten, doch in der Zucht ist die »erste Wahl« ein absolutes Muss.

Futterbedarf der tragenden Stuten

Bei tragenden Stuten gilt es immerhin zwei Lebewesen zu versorgen, die einen gemeinsamen, empfindlichen Organismus darstellen. Schon zu dem Zeitpunkt, wenn der Stutenbesitzer sich entschlossen hat, seine Stute bedecken zu lassen, muss der Fütterung und Haltung mehr Aufmerksamkeit als sonst geschenkt werden. Bei manchen Stuten, besonders solchen, die bereits älter sind und noch nie ein Fohlen hatten, bedarf es einer sorgfältigen Behandlung, damit die Rosse auch erfolgreich ist.

Bei Pferden, die nur im Stall gehalten werden ist der natürliche Rhythmus aufgrund fehlender Umweltreize manchmal gestört. Die Stute kann zwar eine regelmäßige Rosse zeigen, aber es kommt entweder nicht zum Eisprung, oder der Follikel bleibt kümmerlich und ist nicht befruchtungsfähig. Eine natürliche, artgerechte Haltung wirkt diesen Erscheinungen entgegen, denn Sonnenlicht und Grünfutter beeinflussen die hormonellen Vorgänge bei der Stute positiv.

Bewährt haben sich Gaben von Beta-Carotin, das in Möhren enthalten ist, aber auch in konzentrierter Form in Fertigfuttermitteln für Zuchtstuten oder als Zusatzpräparat im Handel erhältlich ist. Als Richtwert kann hierbei von ca. 300 mg Karotin pro Tag bei mittelgroßen Pferden ausgegangen werden. Am günstigsten beginnt man mit der Zufütterung 4 bis 6 Wochen vor der Rosse, in der die Stute dem Hengst zugeführt werden soll.

Hat sie aufgenommen und ist tragend, sollte man darauf achten, dass keine plötzlichen Futterumstellungen oder starken Schwankungen in der Menge der täglichen Ration vorkommen, die die werdende Mutter aus ihrem Rhythmus bringen könnten. Insbesondere in den ersten Trächtigkeitswochen ist der Embryo noch sehr empfindlich gegenüber äußeren Einflüssen wie ungünstiger Witterung, Stresssituationen und auch Futtermitteln, die den Qualitätsanforderungen nicht entsprechen.

Die Fütterung der niedertragenden Stute erfolgt ansonsten ebenso wie die der güsten Stute, entspricht also dem Erhaltungsbedarf, vorausgesetzt, die Stute leistet keine zusätzliche Arbeit. Denn der Protein- und Energiebedarf ist bis zum sechsten Monat des Austragens nicht wesentlich erhöht, da das Wachstum des Embryos noch gering ist.

Dennoch spielt die adäquate Energieversorgung eine wichtige Rolle, und es gilt der Grundsatz: Tragende Stuten niemals zu knapp füttern! Zwar wird bei Mangelernährung die Frucht meist noch ausreichend mit den nötigsten Stoffen versorgt, aber die Gesundheit der Stute leidet bei einer Energieunterversorgung unter Umständen erheblich. Organische Schäden und Unfruchtbarkeit können neben anderen negativen Auswirkungen die Folge sein.

Für den unerfahrenen bzw. wenig erfahrenen Züchter ist es am einfachsten, Fertigfutter für Zuchtstuten zu verwenden, das verdauliche Energie, verdauliches Rohprotein, Fette, Vitamine und Mineralien in einem optimalen Verhältnis enthält, sodass das Zusammenmischen der einzelnen Komponenten entfällt. Normalerweise sind Vorschläge für die Verabreichungsmenge in den verschiedenen Phasen der Trächtigkeit mit angegeben. Diese pelletierten Mischungen sind in der Regel so zusammengesetzt, dass sie im ausgewogenen Verhältnis mit Hafer gefüttert werden sollten.

Es ist erwiesen, dass mit Beginn des achten Trächtigkeitsmonats der Bedarf der Stute an energie- und eiweißhaltigen Nährstoffen deutlich ansteigt. Insbesondere Calcium und Phosphor werden in erhöhten Mengen benötigt. Verfüttert man Mischfutter für Zuchtstuten, wird die Tagesration in den letzten Monaten nun aufgestockt, wohingegen die Raufuttermittel reduziert werden können. Gut tut der werdenden Mutter in diesen Monaten auch eine zweimal wöchentliche Fütterung mit Mash, das die Verdauung reguliert und eine beruhigende, entspannende Wirkung besitzt.

Die Fohlen beginnen schnell, selbst zu fressen

Ist das Fohlen auf die Welt gekommen, und alles verhält sich so, wie es sein sollte, müssen die Futtermenge und die Zusammensetzung der Einzelkomponenten auf den Bedarf der laktierenden Stute abgestimmt werden, wobei der geregelten Verdauungstätigkeit von Mutter und Kind besonderes Augenmerk gelten sollte. Die beim Fohlen auftretenden Durchfälle während der Fohlenrosse sind allerdings nicht besorgniserregend. In den ersten drei bis vier Lebenswochen wird der Nährstoffbedarf des Fohlens ausschließlich durch die Muttermilch gedeckt, die in dieser Zeit den höchsten Gehalt aufweist. Manch einer wird erstaunt festgestellt haben, dass das Kleine bereits in den ersten Lebenstagen spielerisch an Heuhalmen und Haferkörnern herumkaut, jedoch ahmt es zu diesem Zeitpunkt mehr das Verhalten der Mutter nach, als dass es damit ein Hungergefühl befriedigen wollte.

Zwei Monate nach der Geburt produziert die Stute zwar mengenmäßig mehr Milch, diese wird jedoch in ihrer Zusammensetzung den Bedürfnissen des schnell wachsenden Fohlens nun nicht mehr völlig gerecht, sodass das Kleine zunehmend anfängt, Beifutter zu sich zu nehmen. Durch das noch auf Muttermilch eingestellte Verdauungssystem sind es immer nur geringe Portionen, von denen aber bei entsprechendem Angebot immerhin vier bis fünf am Tag verzehrt werden. Manche Stuten lassen das Fohlen willig vom Krippenfutter mitfressen, andere hingegen sind futterneidisch und beißen den Sprößling mitunter recht grob beiseite. Für diese Fälle gibt es spezielle Fohlenkrippen, die enge Öffnungen aufweisen, durch die nur das Fohlenmaul hindurchpassen soll. Einige Stuten sind allerdings so erfinderisch und geschickt, dass sie selbst an das dort deponierte Futter herankommen. Der Züchter sollte also darauf achten, dass das Kleine die ihm zugedachte Ration auch wirklich erhält!

Eine andere Möglichkeit, die man oft auf Staatsgestüten beobachten kann, besteht darin, eine Ecke der Box so abzutrennen, daß die Stuten nicht hineingelangen, sodass die Jungtiere ungestört fressen können. Pelletierte, mit Milchpulver angereicherte Fertigfuttermittel sind von diversen Firmen unter der Bezeichnung »Fohlenstarter« im Handel erhältlich. Sie enthalten alle notwendigen Komponenten und sind nach der Mengenempfehlung des Herstellers zu verabreichen, wobei man natürlich den allgemeinen Zustand des Fohlens bei der Rationsgestaltung berücksichtigen muss. Als Faustregel für die Verabreichung von konzentriertem Kraftfutter gilt bei Jungpferden: $^1/_2$ kg pro Lebensmonat. Danach würde ein vier Monate altes Araberfohlen 2 kg Beifutter am Tag erhalten. Stehen Stute samt Nachwuchs auf einer guten, gehaltvollen Weide, entfällt die Zufütterung in den Monaten Mai bis Ende Juli, gesetzt den Fall, beide befinden sich in gutem Futterzustand, und ein Mineralleckstein ist in erreichbarer Nähe.

In der Decksaison braucht der Hengst viel Eiweiß

Bei der Fütterung der Deckhengste unterscheidet man zwischen zwei Zeitperioden: Die Herbst- und Wintermonate, in denen der Hengst üblicherweise nicht zur Zucht eingesetzt wird, werden mit »Marstallzeit« umschrieben, während der die Tagesration des Hengstes dem Erhaltungsbedarf entspricht, wenn er nicht zur Arbeit unter dem Sattel oder im Gespann herangezogen wird. Das Futter von Deckhengsten sollte allerdings möglichst abwechslungsreich gestaltet werden, da sie in den meisten Fällen das ganze Jahr über aufgestallt sind und auf die erholsame, wohltuende Sommerweide verzichten müssen. Der ausreichenden Versorgung mit vitaminisierten Mineralstoffen ist also besondere Aufmerksamkeit zu widmen. Im Frühjahr, wenn das Gras über 20 Zentimeter gewachsen ist, macht man den Vatertieren eine große Freude, wenn man eine Heuration durch Schnittgras ersetzt, das in dieser Jahreszeit mit einem hohen Anteil an Eiweiß, Spurenelementen und Vitaminen aufwarten kann, der ab Mitte August deutlich zurückgeht.

Die zweite Periode im Kalender des Zuchthengstes ist die Deckzeit, in der, je nach Anzahl der ihm zugeführten Stuten, oft sein ganzer Einsatz gefordert wird. Dennoch steigt sein Energiebedarf entgegen weitverbreiteten Annahmen im Höchstfalle um 50 Prozent über den Erhaltungsbedarf an. Allerdings benötigt er die dreifache Menge Eiweiß, wobei speziell die Zuführung der Aminosäuren Methionin, Cystin und Lysin gesichert werden muss. Falls auf den Deklarationszetteln von Mineral- und Vitaminfutterpräparaten keine Mengenangaben für Deckhengste verzeichnet sind, kann man hier als Richtwert vom gleichen Bedarf ausgehen wie bei hochtragenden Stuten.

Als positiv für die Potenz haben sich bei hoher Beanspruchung des Hengstes Gaben von $^1/_2$ kg Sojaextraktionsschrot pro Tag bewährt, da dieses stark eiweißhaltige Futtermittel einen hohen Anteil an ungesättigten Fettsäuren aufweist. Leistet der Hengst neben dem Deckeinsatz noch zusätzliche Arbeit, ist die Energiezufuhr entsprechend seiner konditionellen Verfassung zu erhöhen. Die Möglichkeit zu unkontrollierter Bewegung im Freien und Weideperioden, auch wenn sie nur wenige Stunden betragen, sollten dem Hengst in jedem Fall um seiner Zufriedenheit und Ausgeglichenheit willen gegeben werden. Er wird es dem Betreuer mit einem umgänglichen Verhalten zu danken wissen.

Weder der Deckhengst noch die Zuchtstute und schon gar nicht die Jungtiere sollten über die Maßen fett gefüttert werden, da Fettleibigkeit den Knochen, Sehnen, Organen und schließlich dem ganzen Organismus Schäden zufügt, die durch Bewegungsmangel noch verschlimmert werden. Selbstverständlich muss das andere Extrem ebenso vermieden werden, doch tritt Magerkeit bei Zuchtpferden seltener auf.

Das Leben mit Pferden in der kalten Jahreszeit

Ein langjähriger Halter von arabischen Pferden in robuster Haltung wurde einmal gefragt, warum er seine ganze Freizeit mit diesen Tieren verbringe. Er antwortete, einer der Hauptgründe sei, dass er mit den Pferden auf besondere Weise den Wechsel der Jahreszeiten erleben könne. Damit hat er sicherlich etwas ausgesprochen, das viele Pferdehalter genauso oder ähnlich empfinden.

Trockene Kälte vertragen alle Pferde gut. Der Araber kennt sie aus seiner Wüstenheimat, wo es große Temperaturschwankungen zwischen Tag und Nacht gibt. Natürlich kann man ein Pferd, das das ganze Jahr über in einem warmen Stall gestanden hat, nicht von einem auf den anderen Tag in die Kälte stellen. Es dauert einige Monate, bis sich das Tier dem jahreszeitlichen Rhythmus der Natur in unseren Breitengraden angepasst hat. Aber arabische Pferde sind genauso an die Robusthaltung zu gewöhnen wie alle anderen Pferde, wenn man die jeweiligen Umstände berücksichtigt und ihnen genügend Zeit für die Umstellung lässt. Die Offenstallhaltung kommt ihnen aufgrund ihres starken Bewegungsdranges auch sehr entgegen. Pferde auf diese sehr artgerechte Weise zu halten, ist jedoch nicht so einfach, wie es auf den ersten Blick aussehen mag: Jedes Pferd muss die Möglichkeit haben, bei Dauerregen ein trockenes Plätzchen zu erwischen. Das ist aufgrund der manchmal strengen Rangordnung nicht immer selbstverständlich. Der Pferdehalter muss dafür sorgen, dass auch das rangniedrigste Pferd genügend Futter erhält und ausreichende Möglichkeiten hat, sich auszuruhen, ohne von den anderen vertrieben zu werden.

Bei kaltem Wetter muss die Fütterung auf den erhöhten Energiebedarf der Pferde abgestimmt werden: Sie brauchen nun mehr Raufutter. Wenn sie bei jeder Witterung die Möglichkeit haben, im Freien zu sein, bilden auch die Araber im Winter ein dichtes Winterfell aus, unter dem sich eine Fettschicht befindet. Stehen sie nun eine Weile im Regen, dringt das Wasser nicht bis zur Haut vor, sondern rinnt am Fell ab. Regnet es jedoch stetig über mehrere Tage hinweg, brauchen sie unbedingt den trockenen, zugfreien Stall, damit sie zwischendurch wieder ganz trocknen können. Wenn sie den Stall in solchen Regenperioden nicht von selbst aufsuchen, weil das ranghöchste

Pferd vielleicht so abgehärtet ist, dass ihm selbst tagelanger Dauerregen nichts ausmacht, sollte der Pferdehalter die Tiere kurzerhand so lange einsperren, bis sich alle wieder aufgewärmt haben. Dies geschieht am besten über die Nacht. Am nächsten Morgen gewährt man ihnen dann wieder Auslauf. In solchen Fällen nicht einzugreifen, wäre leichtsinnig. Denn speziell bei jungen, unerfahrenen Pferden, die noch nicht genügend abgehärtet sind, besteht sonst Erkrankungsgefahr.

Ausritte im Schnee sind ein besonderes Erlebnis

Im dicken Winterfell wollen Pferde beim Reiten anders behandelt werden als im Sommerkleid. Der erfahrene Reiter achtet darauf, dass das Pferd eine ausreichend lange Zeit im Schritt geht, damit die Wärme langsam durch das Fell dringen kann. Legt man direkt im flotten Tempo los, entsteht unter dem Fell ein für die Pferde äußerst unangenehmer Wärmestau, der den Kreislauf belastet. Beim Ausritt im Schnee, von dem wir in unseren Breiten ja oft träumen, darf der Hufkratzer nicht vergessen werden. Die meisten arabischen Pferde laufen zwar ohne Beschlag, aber dennoch kann der Schnee unter den Hufen zusammenklumpen, und dann wird es für die Pferde sehr rutschig. Den beschlagenen Pferden sollte man vom Schmied sogenannte Stollen unter den Hufeisen anbringen lassen. Als Stollen werden kleine Eisenstifte bezeichnet, die in die Hufeisen geschraubt oder angeschweißt werden und den Zweck haben, dass die Pferde auch auf gefrorenem, rutschigem Boden einen sicheren Gang behalten und nicht ausrutschen können. Auch klebt der Schnee dann nicht unter den Hufen zusammen.

Für die Reiter, die ihre Freude an Ausritten in der kalten Jahreszeit haben, gibt es im Fachhandel einige Ausrüstungsgegenstände, die extra fürs Reiten bei frostigem Wetter entwickelt worden sind. Wer in einem schneereichen Gebiet zu Hause ist, wird sicher einige davon kennen. Da gibt es zum Beispiel Schaffelle, die man über den Sattel stülpen kann, damit der Unterkörper nicht auskühlt. Handschuhe sind in jedem Falle dringend anzuraten, denn kaum etwas ist unangenehmer als klamme Hände, mit denen man die Zügel nicht mehr richtig halten kann.

Der erste Schnee im Jahr ist immer besonders gefährlich, weil die Pferde mit der neuen Bodensituation noch nicht vertraut sind und die Glätte leicht unterschätzen. Am besten läßt man sein arabisches Reitpferd vor dem Reiten zuerst im Paddock oder der Reitbahn eine Zeitlang umherlaufen, falls es nicht bereits im Auslauf die Möglichkeit hatte, sich mit dem weißen Element vertraut zu machen.

Beim ersten Schneefall untersuchen besonders jüngere Pferde, die noch nicht viele Winter mit Schnee erlebt haben, meist in »arabischer Manier« die jetzt völlig veränderten Bodenverhältnisse: mit hoch aufgestelltem Schweif und geblähten Nüstern, durch die sie aufgeregt schnauben. Die meisten gewöhnen sich jedoch schnell an die neuen Bodenverhältnisse und achten genau darauf, wo sie ihre Hufe hinsetzen. Die letzte halbe Stunde des Ausrittes sollte man Schritt reiten, bis die Pferde völlig abgekühlt sind. Das ist besonders wichtig bei Schnee und auch bei Nässe; denn bei solchem Wetter holt sich ein Pferd im dicken Winterfell sehr schnell eine Erkältung.

Wenn der Körper noch erhitzt ist und die Pferde sich dann im Schnee wälzen, wird das Fell klamm und kalt und bleibt noch lange feucht. Der Reiter muß dafür sorgen, dass das Fell wieder völlig trocken ist und das Pferd sich ganz beruhigt hat, bevor er es sich selbst überlässt.

WESEN UND CHARAKTER

Das arabische Pferd liebt keine lauten Töne

Dass der Araber einen hervorragenden Charakter hat und mit keinem anderen Pferd zu vergleichen ist, weiß jeder, der sich für ihn entschieden hat und mit ihm zusammen Erlebnisse und Erfahrungen sammeln durfte.

Der Araber ist schön. Er sollte ein korrektes Fundament, ein gutes Gebäude und eine schöne Oberlinie aufweisen, Geschlechtsausdruck besitzen, viel Charisma zeigen und vor allem Typ haben. Was dabei manchmal auf der Strecke bleibt, ist das wesentlichste Merkmal, das ein Zusammenleben mit dem vierbeinigen Freund maßgeblich bestimmt: der Charakter.

Frau Müller will sich ein Pferd kaufen. Eine genaue Vorstellung hat sie nicht. Per Zufall begegnet sie schließlich einem arabischen Pferd, das sie wegen seines Aussehens und seines Charismas sofort gefangen nimmt. Prompt schlägt sie zu und erwirbt den jungen Hengst. Er wird gelegt, und nun kommt die Phase des Kennenlernens, in der Frau Müller mit ihrem edlen Pferd schnell eine liebevolle Beziehung aufbaut. Plötzlich wird ihr bewusst, dass sie nicht irgendein Pferd gekauft hat, sondern ein ganz besonderes, eigentümliches Wesen, wie sie es zuvor in dieser Form noch nicht kennengelernt hat.

Ihr neues Pferd zeigt einen ausgeprägten Eigensinn, aber auf so sensible Weise, dass es ihr fast schmeichelt, wenn es seinen Willen durchsetzen möchte. Es ist aber auch klüger als alle anderen Pferde, die sie je kennengelernt hat. Und schnell wie ein Kind hat der junge Wallach herausgefunden, dass er sich bei ihr so ziemlich alles erlauben kann, ohne ernsthaft dafür gescholten zu werden. Ihr Mann muss dann mitkommen und ihm zwar sanft, aber bestimmt und unnachgiebig beibringen, wie er die Hufe heben soll und wie er vernünftig am Strick neben seiner Begleitperson zu gehen hat.

Frau Müller wechselt den Stall. Denn in der Anlage, wo sie ihr Pferd eingestellt hat, kann sie nicht bleiben. Kurze Zeit später stellt sie fest, daß der Wallach beim Füttern die Ohren anlegt und ein aggressives Verhalten an den Tag legt. Was ist nur los? Das Herz will ihr brechen, denn plötzlich ist aus dem einfühlsamen Pferd ein völlig anderes geworden. Sicher, der Wallach hatte stets seinen eigenen Kopf, doch bei seinem individuellen Charme konnte Frau Müller ihm selten richtig böse sein. Nie war er aber so ablehnend, menschenscheu und widerborstig gewesen.

Etwas später stellt sich heraus, dass in dem Stall zur morgendlichen Futterzeit ein lauter, aggressiver Ton herrschte. Die anderen Einsteller werden befragt, aber sie können an ihren Tieren, Reitponys und Warmblüter, keine Verhaltensauffälligkeiten feststellen.

Ein typisches Beispiel für die hohe Sensibilität des Arabers, der auf kleinste »Missstände« abrupt mit Verhaltensänderungen reagiert.

Ein Shagya-Araber rannte für sein Volk

Auch historische Berichte und Anekdoten ranken sich um den besonderen Charakter des Arabers. Überliefert ist die Geschichte eines Soldatenpferdes aus dem ungarischen Staatsgestüt Bábolna, dem dort auch eine Statue im Hof gewidmet ist. In einem Krieg Österreich-Ungarns gegen Napoleon erwartete man eine entscheidende Schlacht. Als dieses Pferd reiterlos nach Hause zurückgelaufen kam, wusste man, dass die Schlacht für Österreich verloren war. Es hatte den ganzen Weg im Galopp zurückgelegt, und so blieb den Ungarn Zeit genug, den gesamten Pferdebestand des Gestüts vor dem Feind zu verstecken. Als Napoleons Truppen nach Bábolna kamen, um die Pferde zu beschlagnahmen, fanden sie keines mehr vor. Wütend steckten die Marodeure das Gestüt in Brand, aber die arabischen Pferde, der Grundstein der Zucht des heutigen Shagya-Arabers, waren gerettet.

Dies ist eine Geschichte von vielen, und sie gibt beeindruckend wieder, was das Besondere am Araber ausmacht. Jeder Züchter und Halter von arabischen Pferden hat Geschichten über bestimmte Pferde aus seinem Bestand zu erzählen. Manche sind anrührend, manche historisch, wenn es um deren Ahnen geht, und oft handelt es sich um sehr spektakuläre Ereignisse.

Ein Hengst mit allen Vorzügen

In vielen Deckanzeigen bekommt man zu lesen: typvoller, ganggewaltiger Hengst mit erstklassiger Abstammung, rein x-y gezogen, viel Farbvererbung etc. Bei Schauen wird in Züchterkreisen über die Erfolge von Nachzuchten und über die Typvererbung diskutiert. Der Hengst Wüstenzauber ist in aller Munde, die Richter geben ihm aufgrund seines überirdischen Typs für das Teilkriterium »Kopf und Hals« stets die höchste Note. Außerdem kann er treten wie ein S-Dressur-Westfale.

Solch einen Hengst haben auf den Schauen natürlich nur Profis an der Hand. Es ist ja ihr Beruf aufzupassen, dass sie keinen Tritt abbekommen, wenn das Tier wieder einmal keine Lust auf den Schauring hat... Auch aus Stuten mit Fundamentsfehlern bringt er schließlich Fohlen, deren Fundamente jede TÜV-Prüfung bestehen würden. Dass es »leichte Probleme« gibt, ihn zu handhaben, wissen auch einige Stutenbesitzer, die zum Decken bei ihm waren. Ja, er lässt nunmal ohne Gerte keinen an sich heran, er hat schließlich seinen Stolz als »Hausherr« auf dem Hof. Decken kann nur einer der Pfleger mit ihm, und der trägt einen Helm. Ist doch auch verständlich, dass solch ein kapitaler Hengst sich nicht gerne festhalten lässt beim feierlichen Akt, oder? Und seine Fohlen sind nunmal von Geburt an Stars, und die sind bekanntlich ein bisschen schwierig!

Andere Züchter propagieren aber auch einen »einwandfreien« Charakter. Doch achtet der Stutenbesitzer wirklich auf dieses Kriterium bei der Wahl des zukünftigen Vatertieres? Natürlich sind die zuvor beschriebenen Eigenschaften nicht außer Acht zu lassen, aber der Charakter gehört unbedingt zu den wichtigen Merkmalen eines Pferdes, ja er sollte das Hauptkriterium bleiben, das den Araber zu einem außergewöhnlichen Pferd macht. Er spielt in allen Situationen rund ums Pferd, genau betrachtet, ja auch die größte Rolle, sodass eigentlich niemand darüber hinwegsehen darf, der Züchter oder Hengstbesitzer als allerletzter. Die Zuchtstute, die um sich beißt, wenn der (sonstige) Freund Mensch sich ihrem Fohlen nähert, ist dabei genauso wenig zu tolerieren wie der rüpelhafte Dreijährige, der seine Bezugsperson aus Übermut ansteigt.

Der gute Charakter darf nicht weggezüchtet werden

Die meisten Charakterzüge trägt das Pferd in sich wie der Mensch und andere Lebewesen auch. Schlechte kann man mit viel Geduld und einer konsequenten Erziehung unterdrücken, aber ganz auszuschalten sind sie nie. Ein Pferd mit schlechten Charakterzügen wird diese auch weitergeben – vielleicht nicht gleich in der ersten Generation, aber in der zweiten oder dritten.

In diesem Zusammenhang wird oft von der »Prägephase« gesprochen. Natürlich wird ein Pferd als Fohlen von seiner Mutter, seiner Umgebung und den Menschen, die es umgeben, geprägt. Dennoch werden zwei Fohlen, die gemeinsam aufgezogen worden sind, vom Charakter her nie gleich sein. Sie können in den gleichen Situationen trotzdem unterschiedlich reagieren, verschiedene Charakterstärken und -schwächen aufweisen und verschiedene »Lieblingsgerichte« haben. In jedem Pferd sind, wie bei allen

Säugetieren, Veranlagungen genetisch festgelegt, die irgendwann zu Tage treten.

Dem Charakter des arabischen Pferdes galt in der ursprünglichen Zucht der Wüstenvölker stets die größte Aufmerksamkeit. Schließlich lebten die Beduinen mit ihren Pferden auf engstem Raum unter einem Zeltdach, und das wäre mit charakterschwachen Tieren unmöglich gewesen. Sie betrachteten ihre Araber als Individuen mit Stolz, Feuer, Vorlieben und Abneigungen. Aufgrund seines – damals gefestigten – guten Charakters, wegen seiner Nervenstärke und seiner Intelligenz wird der Araber von vielen Pferdefreunden bewundert und anderen Rassen vorgezogen. »Feuer und Sanftmut« – mit dieser Formel wird er häufig charakterisiert. Manchen sind jedoch der »Dish« und das Riesenauge wichtiger, anderen die Rennleistung. Es wird so selektiert, dass man einen typvollen, möglichst schnellen Araber erhält, der ein exzellentes Gebäude und ein beachtliches Gangwerk hat. Bei diesen Wunschkriterien muss ja irgendetwas wegfallen, denn alles kann die beste Züchterkunst nicht vereinen. So ist die Sanftmut schon manchem Araber aus rein kaufmännischen Gründen beinahe »weggezüchtet« worden.

Was aber macht den guten Charakter eines Arabers eigentlich aus? Kurz gesagt alle Voraussetzungen, die ein Pferd mitbringen muss, um ein familienfreundliches, sanftmütiges, sensibles und doch nervenstarkes Pferd zu verkörpern, das am Haus gehalten werden kann und den Menschen möglichst gut versteht. Schließlich erfüllt es uns mit Stolz, dass ein Mädchen von 15 Jahren einen ausgewachsenen Hengst auf der Schau problemlos präsentieren kann. Das wäre mit einem Warmbluthengst schlecht denkbar. Dabei ist zu bedenken, dass der Araberhengst auf dieser Schau ja auch »sein Feuer« unter Beweis zu stellen hat. Wir wollen ein Pferd sehen, das sich stolz erhobenen Hauptes und wild schnaubend neben seinem Vorführer präsentiert, sich aber dennoch in jeder Situation absolut zuverlässig kontrollieren lässt. Zuviel verlangt? Nein, es gibt nur eine unbedingte Voraussetzung: die gute Erziehung. Sie sollte für Züchter und Aufzüchter Ehrensache sein …

Die Ungarn kreuzten Orient mit Okzident – und es gelang …

Es gibt eine Menge Pferderassen, die mit dem Blut der edlen arabischen Vollblüter veredelt wurden, die zu vielen Zeiten zu den besten Pferden der Welt gezählt wurden. Arabische Vollblüter waren die Stammväter des Englischen Vollbluts, haben das Erscheinungsbild des Berbers genauso mitgeprägt, wie das des Welshponys und des modernen deutschen Reitponys. Arabische Hengste wurden wiederholt zur Veredelung in der deutschen Warmblutzucht eingesetzt und gaben den Springpferden Wendigkeit, den Dressurpferden Anmut mit.

Vor rund zweihundert Jahren waren feurige arabische Hengste und einige Stuten, die aus dem Orient nach Ungarn exportiert worden waren, die Ausgangsbasis für die Entstehung einer Rasse, die viel Aufmerksamkeit erregt hat. Im ungarischen Staatsgestüt Bábolna deckte man Stuten der transsylvanischen Reitpferderassen, die sich als Kavalleriepferde durch Härte, Ausdauer und Mut besonders hervorgetan hatten, mit den wertvollen Hengsten aus der Wüste. Als besonders erfolgreich in der Zucht erwies sich ein 1,60 m großer Honigschimmelhengst namens »Shagya«, der im Jahre 1836 aus Arabien importiert worden war. Seine Nachzucht erwies sich als so vielversprechend und erfolgreich, dass die neu entstandene Rasse nach ihrem Stammvater den Namen »Shagya-Araber« erhielt – allerdings erst in den achtziger Jahren unseres Jahrhunderts. Davor wurden Pferde dieser Abstammung in Deutschland mit dem Begriff »Araberrasse« umschrieben.

Die Idee, die zur Gründung dieser Rasse führte, war der Bedarf nach einem Pferd mit hervorragenden Allroundeigenschaften, das sich für den Militärdienst ebenso gut eignen sollte wie für die Arbeit vor dem Wagen und in der Landwirtschaft. Schon bald waren Shagyas die bevorzugten Reitpferde der Offiziere, und ihre besonders hohe Rittigkeit machte sie so berühmt, dass auch die anderen Staatsgestüte der Donaumonarchie die Zucht dieser Rasse in ihr Programm aufnahmen und von Bábolna wertvolle Stuten und Hengste erhielten.

In unserer Zeit findet der Shagya-Araber mehr und mehr Liebhaber, da er sich als Gelände- und Freizeitpferd ebenso gut behauptet wie im Dressurviereck oder Springparcours. Durch seine im Vergleich zu deutschen Warmblütern geringe Größe von 1,52 m bis 1,62 m Stockmaß ist er relativ leicht zu handhaben und fällt durch seinen äußerst gutwilligen, intelligenten Charakter ins Auge. Die Schönheit hat er von seinen arabischen Ahnen mitbekommen, die auch heute noch stark in der Zucht Verwendung finden, was manchmal auf Kosten der guten Reiteigenschaften geht. Denn gute, kräftige Beine, ein starker, gut bemuskelter Rücken und ein optimal angesetzter Reitpferdehals sind Eigenschaften, die auf die Einkreuzung von warmblütigen Pferden wie z. B. den Lipizzanern zurückzuführen sind und der Rasse nicht verloren gehen dürfen.

Der Araber ist in der ganzen Welt zu Hause

Aus dem weiten, kargen Land des Orients mit seinem Wüstenklima holten sich im Lauf der letzten zwei Jahrhunderte Menschen von allen Kontinenten arabische Pferde – getrieben von einer Vorliebe für Exotisches und Orientalisches, die bis heute über diesen langen Zeitraum nicht enden will. Die stolzen neuen Besitzer der edlen Pferde stellten diese in vergitterte Boxen und auf kleine Weiden. Viele Menschen, die nur mit Warmblütern und ähnlichen Pferderassen zu tun haben, empfinden den Araber als nervig und übernervös, was sicherlich in manchen Fällen auch zutrifft. Aber das Verhalten arabischer Pferde hängt zum größten Teil davon ab, wie sie gehalten werden. Für die Wüstenbevölkerung waren die asilen Vollblüter Gebrauchspferde, die regelmäßig hohe Leistungsanforderungen erfüllen mussten. In den Ländern, die für viele Araber zur neuen Heimat wurden, haben sie ihren Zweck als Transport- und Kriegspferd verloren und wurden zu einem beliebten Schaupferd.

Der Araber hat sich dann an die Umstände seiner jeweiligen neuen Heimat angepasst, aber sein Ursprung und sein Wesen, das ihn von allen anderen Pferden abhebt, sind ihm geblieben.

Aufgrund ihrer langen Tradition in den verschiedenen Ländern unterscheidet man arabische Zuchtrichtungen wie russisch, polnisch, ägyptisch, spanisch und so weiter. Denn durch das lange Züchten in den jeweiligen Ländern entstand dank der landestypischen Vorlieben jeweils ein eigener Rassetyp, der durch die verschiedenen Selektionskriterien geformt wurde. So sieht ein spanischer Vollblutaraber anders aus als ein asiler. Nichtsdestoweniger sind beides reine, weltweit anerkannte Vollblutaraber. So wurde der rein ägyptische Hengst Aswan nach Russland importiert. Seine Nachkommen werden in Deutschland und auch von Russland aus als »rein russisch« verkauft.

Auch alle anderen Blutlinien basieren auf einigen »Originalarabern« (desert breds), die aus Arabien importiert wurden und als Ausgangsbasis zu betrachten sind. Dabei ist wichtig, dass immer wieder neues Blut in den engen Genpool der landeseigenen Zuchtrichtungen gebracht wird, damit die Inzucht nicht zu eng wird.

Kein Pferd ist heute in so vielen Ländern und auf so vielen Kontinenten zu Hause wie der Vollblutaraber. Die Pferde, die heute in fast allen Bereichen des Sports wie Fahren, Distanzreiten, in vielen Ländern auch als Galopper genutzt werden, sind aber in erster Linie ein sehr beliebtes Familien- und Freizeitpferd, das aufgrund seines liebenswerten, sanften und sensiblen Charakters immer mehr Freunde findet.

Eine Weltorganisation (die WAHO) hat es sich zur Aufgabe gemacht, alle Vollblutaraber dieser Welt zu registrieren, damit die Rasse auch in ihrer Reinheit erhalten bleibt. Dass arabische Pferde als Partner des Menschen und als Kulturgut überdauern, ist den engagierten Züchtern weltweit zu verdanken, die sich die Erhaltung und Verbesserung der arabischen Rasse zur Lebensaufgabe gemacht haben.

Verzeichnis der Gestüte und Pferdebesitzer

Bamford Carole, Farley Hall, Nr. Oaka Moor Stoke-on-Trent, Staffordshire

Bourrasse Rachel et Christian, Haras de Nautiac, F-40230 Tosse

Caro Francisco Chavero, Sp. El Rocio, Ajoll 85

Dr. Fichtenberg Angelika, El Kalaam, A-1010 Wien, Spiegelgasse 21

Familie Hayder, A-4271 St. Oswald

Kipgen Anne et Claude Joanny, El Sham Arabian, F-34120 Pézenas

Labonne Michèle, Stud Orient Arabians, F-85540 Le Givre

Lazès Michèl, Aubanel, F-83560 Ginasservis (Rians)

Lechner Verena, A-1140 Wien, Linzerstr. 352/516

Marcik Ulrike, Gestüt Schieferegg, Finca »La Cañada del Robledo«, E-11650 Villamartin (Cádiz)

Maktoum – Sheik, Haras de Maury, F-31150 Gratentour

Familie Offenmüller, A-8010 Graz, Klosterwiesengasse 4

Dr. h.c. W. Georg Olms, Asil-Araber-Hamasa Gestüt, Am Streitkopf 4, D-35460 Treis/L.da bei Gießen

Osuna Miquel Escalera, Sp. Ecija

Philström Richard, La Petite Porcelette, Camarque

Répás Puszta, H-7400 Kaposvár

Schmid Doris & Andreas, Pferdeparadies Beeghum, A-4271 St. Oswald, Fünfling 10

Schramböck Horst u. Ursula, Wallneder Hof, A-4048 Puchenau

Schwarz Johann, Wallneder Hof, A-4048 Puchenau

Mag. Dr. Johann Strobel, Hauptstr. 37, A-7210 Walberdorf

Fam. Stucki, Vollblutarabergestüt Bafran, CH-3700 Spiez

Dr. Tubel Alexander, Tubel-Arabians-Gestüt, A-1130 Wien, Firmiangasse 30/115

Weidner Tina, Gestüt Schieferegg, Finca »La Cañada del Robledo«, E-11650 Villamartin (Cádiz)

Alle Pferde in diesem Buch sind Vollblutaraber.

Dank

Meine langjährige Arbeit an diesem Buch wurde durch viele Pferdefreunde unterstützt, denen ich größten Dank schulde.

Mein erster Dank gilt Ulrike Marcik und allen, die mir bei ihr in Schieferegg geholfen haben, Michèl Lazès und allen in Aubanel, Fräulein Barbora Čiháková für die große Unterstützung bei der »Geburt« dieses Buches und für die Aufnahmen auf den Seiten 9, 103, 108 und 109.

Weiterhin danke ich herzlichst Rachel und Christian Bourrasse, Caro Francisco Chavero, Familie Diesenreiter, Dr. Angelika Fichtenberg, Dr. Jiřina Hokeová, Renée Koch, Květa Kuršová, Michèle Labonne, Olga Lacinová, Milena Lubertová, Maria Medioni, Barb Müller, Familie Offenmüller, Dr. h. c. Georg Olms, Ing. Milena Randysková, Familie Schmid und deren Pferdefreunden, Familie Schramböck, Johann Schwarz, Michaela Slipková, Dr. Alexander Tubel, Jaromír Vránek, Tina Weidner, Dra. Mª Nieves Tarodo Wiesner und deren Pferdefreunden und allen Sponsoren für ihre Unterstützung.

Weitersfelden, September 1998

Lída Jahn-Míček